集成创新设计论丛（第二辑）

Series of Integrated Innovation Design Research Ⅱ

方海　胡飞　主编

映射：设计创意的科学表达

Mapping:
Scientific Expression of
Design Ideas

贺继钢　潘莉　黄宪明　著

中国建筑工业出版社

图书在版编目（CIP）数据

映射：设计创意的科学表达／贺继钢，潘莉，黄
宪明著.—北京：中国建筑工业出版社，2020.4
（集成创新设计论丛／方海，胡飞主编. 第二辑）
ISBN 978-7-112-24740-0

Ⅰ.① 映… Ⅱ.① 贺… ② 潘… ③ 黄… Ⅲ.① 工业
设计－研究 Ⅳ.① TB47

中国版本图书馆CIP数据核字（2020）第022124号

　　本书介绍了设计创意表达的基本方法，以及相关的数学知识、信息技术知识和国家标准。并以定制家具企业尚品宅配为例，介绍了在信息技术和互联网技术的支撑下，数据流如何取代传统的图纸来表达设计创意，以实现数字化设计、销售和制造。本书可以作为高等院校工业设计、产品设计和家具设计等专业的图学教材或教学参考书，也可供产品设计师、计算机软件研发工程师、企业管理人员和高等院校相关专业的教师参考。

责任编辑：吴绫　唐旭　贺伟　李东禧
责任校对：赵菲

集成创新设计论丛（第二辑）
方海　胡飞　主编
映射：设计创意的科学表达
贺继钢　潘莉　黄宪明　著
＊
中国建筑工业出版社出版、发行（北京海淀三里河路9号）
各地新华书店、建筑书店经销
北京锋尚制版有限公司制版
北京中科印刷有限公司印刷
＊
开本：787×1092毫米　1/16　印张：8½　字数：176千字
2020年4月第一版　　2020年4月第一次印刷
定价：48.00元
ISBN 978-7-112-24740-0
（35029）

序

都说，这是设计最好的时代；我看，这是设计聚变的时代。"范式"成为近年来设计学界的热词，越来越多具有"小共识"的设计共同体不断涌现，凝聚中国智慧的本土设计理论正在日益完善，展现大国风貌的区域性设计学派也在持续建构。

作为横贯学科的设计学，正兼收并蓄技术、工程、社会、人文等领域的良性基因，以领域独特性（Domain independent）和情境依赖性（Context dependent）为思维方式，面向抗解问题（Wicked problem），强化溯因逻辑（Adductive logic）……设计学的本体论、认识论、方法论都呼之欲出。

广东工业大学是广东省高水平大学重点建设高校，已有61年的办学历史。学校坚持科研工作顶天立地，倡导与产业深度融合。广东工业大学的设计学科始于1980年代。作为全球设计、艺术与媒体院校联盟（CUMULUS）成员，广东工业大学艺术与设计学院坚持"艺术与设计融合科技与产业"的办学理念，走"深度国际化、深度跨学科、深度产学研"之路。经过30多年的建设与发展，目前广东工业大学设计学已成为广东省攀峰重点学科和广东省"冲一流"重点建设学科，在2017和2019软科"中国最好学科"排名中进入A类（前10%）。在这个岭南设计学科的人才高地上，芬兰"狮子团骑士勋章"获得者、芬兰"艺术家教授"领衔的广东省引进"工业设计集成创新科研团队"、国家高端外国专家等早已聚集，国家级高层次海外人才、青年长江学者、南粤优秀教师、青年珠江学者、香江学者等不断涌现。"广工大设计学术月"的活动也在广州、深圳、佛山、东莞等湾区核心城市形成持续且深刻的影响。

广东工业大学"集成创新设计论丛"第二辑包括五本，分别是《无墙：博物馆设计的场域与叙事》《映射：设计创意的科学表达》《表征：材质感性设计与可拓推理》《互意：交互设计的个性化语言》《无废：城市可持续设计探索》，从城市到产品、从语言到叙事，展现了广东工业大学在体验设计和绿色设计等领域的探索，充分体现了"集成创新设计"这一学术主线。

"无墙博物馆"的设计构想可追溯至20世纪60年代安德烈·马尔罗（André Malraux）的著作。人与展品的互动应成为未来博物馆艺术品价值阐释的重要方式。汤晓颖教授在《无墙：博物馆设计的场域与叙事》一书中，探索博物馆设计新的表现介质与载体，打破"他者"在故事中所构建的叙事时空，颠覆了传统中"叙事者"和"观赏者"之间恒定不变的主从身份关系，通过叙事文本中诸如时空、人物、事件等元素的组织序列，与数字化交互技术相结合，探索其内容情节、时间安排和空间布置，形成可控制的、可操作的、可体验的和可无限想象的新的场域与叙事艺术及设计方法。

贺继钢副教授在《映射：设计创意的科学表达》中，分析了逻辑思维、形象思维和直觉思维在创意设计中的作用，介绍了设计图学的数学基础和工程图样的基本内容及相关的国家标准，以及计算机绘图和建模的方法和实例。最后，以定制家具企业为例，介绍了在信息技术和互联网技术的支撑下，数据流如何取代传统的图纸来表达设计创意，实现数字化设计、销售和制造。通过这个案例，让不同专业的人员理解科技与设计融合的一种典型模式，有助于跨专业人员进行全方位的深度合作。

材质的情感化表达及推理是工业设计中的重要问题。张超博士在《表征：材质感性设计与可拓推理》中，以汽车内饰为研究对象，在感性设计、材质设计中引入可拓学的研究方法，通过可拓学建模、拓展、分析和评价，实现面向用户情感的产品材质设计过程智能化，自动生成创新材质设计方案。该书研究材质感性设计表征及推理规则，旨在探索解决材质感性设计在创意生成过程中的模糊性、不确定性和效率低下等问题。

纪毅博士在《互意：交互设计的个性化语言》中积极探索支持人类和各种事物之间有效交流的共同基础。通过创建一个个性化的交互产品，用户可以有效地与交互项目进行通信。通过学习交互设计语言，学习者将从不同的角度设计交互产品，为用户创造全新的交互体验。

垃圾问题是一项关乎民生和社会可持续发展的社会问题。萧嘉欣博士秉持着批判和反思的立场，在《无废：城市可持续设计探索》中重新审视城市中的垃圾问题及其可持续设计的方向。萧博士希望通过对物理、社会和文化因素的分析，让人作为人，空间作为空间，深刻反思一下人与空间究竟是何种关系？人与垃圾之间的关系又是如何？什么才是适合现代人的居住环境？我们该如何构建可持续城市？

"集成创新设计论丛"第二辑是广东省攀峰重点学科和广东省"冲一流"重点建设学科建设的阶段性成果，展现出广东工业大学艺术与设计学院教师们面向设计学科前沿问题的思考与探索。期待这套丛书的问世能够衍生出更多对于设计研究的有益思考，为中国设计研究的摩天大厦添砖加瓦；希冀更多的设计院校师生从商业设计的热潮中抽身，转向并坚持设计学的理论研究尤其是基础理论研究；憧憬我国设计学界以更饱满的激情与果敢，拥抱这个设计最好的时代。

胡 飞

2019年11月

于东风路729号

前　言

映射，在数学中也称为射影，对应工程设计中的投影，还具有美学的情感色彩。"诚见其美，欢气发于内也"（王充《论衡·佚文》），意指美的事物映射到心里，欢乐之气由内到外的流露。没有美的情感不可能产生美的设计，没有想象力不可能产生好的创意。

想象力源自好奇心。如果满足于"知其然"，没有好奇心，想象力就成了无源之水。本书第1章介绍了图学发展简史，探寻设计创意表达的源头。现代设计表达方法正是由原始形态演变而来。法国科学家蒙日创建的画法几何学是图学史上划时代的成就。有人以为画法几何就是三视图，其实不然。蒙日的贡献是将传统的以经验为基础的制图方法和图解法建立在数学的基础上。在附录中，分别用空间解析几何和画法几何求解同一个几何问题，并对这两种方法进行了对比分析。如果说前者反映了"人工智能"的特点，后者则是地道的人的智能，从中可以管窥画法几何学的美妙。

人工智能的逻辑推理和计算能力已超越了人类。当人工智能发展成熟之时，简单的脑力劳动行业都将消失。人类要避免被机器淘汰，就得扬长避短。第2章介绍了逻辑思维、形象思维、直觉思维及创意设计的基本方法和实例。形象思维和直觉思维正是人类的特长。数学家高斯认为"过多地借助解析法，会丧失基于直觉的想象力的几何思考机会"，学习画法几何可以弥补这方面的不足（蒙日《蒙日画法几何学》）。同样，手绘、尺规作图也有类似的作用。手绘、尺规作图是第3章的主要内容。在此基础之上，介绍了计算机绘制平面图形及平面设计实例。

"对于每一个真正有创造力的人来说，数学是敌人。"这是设计师阿莱克·伊斯古尼斯（Alec Issigonis）的名言，也是许多设计师的心声。像达·芬奇这样的全才非常罕见。虽然像伊斯古尼斯这样的偏才也很难得，但比起全才来，还是要多许多。设计创意的科学表达，离不开数学。数学绝对不是设计师的敌人，而应该是朋友。了解一些基本的数学思想和方法，可以更好地跟数学家、工程师进行交流和合作。第4章简介了设计图学的数学基础。在第5章中，运用数学语言介绍了立体的创建与表达方法，诸如集合运算和参数化造型设计等。在设计中，直觉思维起到画龙点睛的作用，多数时间是运用逻辑思维和形象思维，缜密地思考如何合理地应用知识和经验。这些知识中有关设计表达的部分在第6章中介绍，包括工程图样的基本内容及相关的国家标准。

在本书写作之初，笔者跟尚品宅配总经理周淑毅先生进行了交流，并参观考察了尚品宅配的设计销售和生产制造部门。这次参观学习的经历颠覆了我对家具制造业的认知，工业化和信息化的融合令传统的家具制造企业产生了质的飞跃。整个定制家具的设计、销售、制造和安装等环节都不再依赖传统的图纸，所有的数据都存储在中心数据库，并通过互联网以不同的方式与不同的节点进行交互。研发人员使用计算机设计参数化的模型，客户看到的是虚拟现实的场景，生产车间的加工设备接受的是加工指令，安装人员的手机上显示的是虚拟装配模型。第7章介绍尚品宅配的大国工匠为"诗意地栖居"创建的全新设计模式。通过这个案例，可以了解科技支撑的定制家具设计服务平台的原理和流程，站在现代设计创意科学表达的高峰回望过去，憧憬未来。

贺继钢
2019年10月

目　录

序

前　言

第 1 章　　1.1　手工艺时代 ………………………… 002

设计图学　　1.1.1　设计起源 ………………………… 002
发展简史
　　　　　　1.1.2　铸鼎象物 ………………………… 004

　　　　　　1.1.3　非图无以作宫室 …………………… 005

　　　　　　1.1.4　视觉设计 ………………………… 007

　　　　　　1.1.5　营造法式 ………………………… 008

　　　　　　1.1.6　文人的情怀 ……………………… 010

　　　　　　1.1.7　文艺复兴时期的巨匠 …………… 012

　　　　　　1.2　工业时代 …………………………… 014

　　　　　　1.2.1　工业革命 ………………………… 014

　　　　　　1.2.2　西学东渐 ………………………… 015

　　　　　　1.2.3　现代主义 ………………………… 017

　　　　　　1.3　信息时代 …………………………… 018

　　　　　　1.3.1　后现代主义 ……………………… 018

　　　　　　1.3.2　数字设计 ………………………… 019

第 2 章　　2.1　设计的基本形态 ………………… 022

设计创意　　2.1.1　设计的基本要素 ……………… 022
基础
　　　　　　2.1.2　设计的分类 ……………………… 025

2.2 创意思维 027
2.2.1 思维与想象力 027
2.2.2 思维的"调色盘" 031

2.3 创意设计案例 035
2.3.1 设计构思 035
2.3.2 设计说明 036

第 3 章

平面图形设计创意表达

3.1 意在笔先——手绘要领 040
3.1.1 手绘的意义 040
3.1.2 手绘的要领和步骤 042

3.2 规矩与方圆——尺规作图 046
3.2.1 几何作图方法 046
3.2.2 平面图形的尺寸标注 050

3.3 计算机绘制平面图形 051
3.3.1 常用的计算机图形图像软件 051
3.3.2 AutoCAD的用户界面和基本操作 052
3.3.3 画圆命令的操作流程 054
3.3.4 平面设计中的理性之美 055

第 4 章

映射：设计图学的数学基础

4.1 映射的数学方程及几何意义 058
4.1.1 映射——源于生活 058
4.1.2 图形变换矩阵 060

4.2 直观的表达 064
4.2.1 线性透视法——简化的视觉模型 065
4.2.2 轴测图——沿轴向测量画出来的图 066

4.3 点、线、面的正投影 069
4.3.1 正投影基础 069
4.3.2 点的投影 070

4.3.3　直线的投影　……………………………………………　070

4.3.4　平面的投影　……………………………………………　072

第 5 章

立体的创建
与表达

5.1　基本几何体　………………………………………　076

5.1.1　平面立体　……………………………………………　076

5.1.2　回转体　………………………………………………　078

5.2　创建几何体的基本方法　…………………………　080

5.2.1　拉伸　…………………………………………………　080

5.2.2　旋转　…………………………………………………　081

5.2.3　放样　…………………………………………………　082

5.2.4　扫掠　…………………………………………………　082

5.2.5　加厚　…………………………………………………　083

5.3　集合运算构成组合体　……………………………　083

5.3.1　并集　…………………………………………………　083

5.3.2　差集　…………………………………………………　083

5.3.3　交集　…………………………………………………　084

5.4　集合运算的拓展　…………………………………　085

5.4.1　圆角　…………………………………………………　085

5.4.2　剖切　…………………………………………………　085

5.4.3　剖面（断面）……………………………………………　085

5.4.4　抽壳　…………………………………………………　086

5.5　常用的表达方法　…………………………………　086

5.5.1　视图　…………………………………………………　086

5.5.2　斜视图　………………………………………………　088

5.5.3　剖视图　………………………………………………　088

5.5.4　断面图　………………………………………………　089

5.5.5　局部放大图　…………………………………………　090

5.6　参数化造型　………………………………………　090

5.6.1　尺寸驱动设计　………………………………………　091

5.6.2　几何约束关系 ·· 091

5.6.3　方程式驱动尺寸 ·· 091

5.6.4　测量 ·· 092

第 6 章

工程图样及相关的国家标准

6.1　标准件与常用件 ··· 094

6.1.1　螺纹及其规定画法 ······································ 094

6.1.2　齿轮及其规定画法 ······································ 097

6.2　零件图 ·· 098

6.2.1　零件图的基本内容 ······································ 098

6.2.2　零件常见的工艺结构及其表达 ···················· 099

6.2.3　非参数化CAD软件生成零件图 ··················· 101

6.2.4　参数化CAD软件生成零件图 ····················· 102

6.3　装配图和爆炸图 ··· 103

6.3.1　装配图 ··· 103

6.3.2　爆炸图 ··· 104

第 7 章

诗意地栖居

7.1　智者的箴言 ·· 106

7.1.1　设计表达——万物皆数 ······························ 106

7.1.2　设计与制造——中庸之道 ··························· 108

7.2　大道至简与顺天应人 ······································· 109

7.2.1　定制家具设计服务框架构建 ························ 109

7.2.2　两化融合流程剖析 ······································ 113

7.3　衍化至繁 ··· 118

7.3.1　衍化与进化 ··· 118

7.3.2　过去与未来 ··· 119

附录　空间解析几何与画法几何解题实例对比分析 ··············· 120

参考文献 ··· 125

第 1 章

设计图学发展简史

广义而言，人类设计的源头可追溯到石器时代。在漫长的进化过程中，人类创造了各种各样的劳动工具和生活用品，增强了设计能力，提升了审美意识。可以说，有了人类文明的那天起就有了设计。图样是抽象思维的产物，因而出现得较晚。用图样来表达设计创意，一是设计效率得到了很大的提升，从而可以进行复杂程度更高、规模更大的设计；二是作为生产中交流设计思想的工具，成为设计转化为产品的信息载体。

1.1 手工艺时代

1.1.1 设计起源

人类最初只会用天然的石块或棍棒作为工具。在长期的劳动中，渐渐发现拣选特定形状的石块作为工具，能显著地提高劳动效率。石头的锋利薄边，适合用来切割兽肉、兽皮；石头的钝厚刃口适合用来砍劈树木；结实厚重的砾石适合用来作石砧，便于手握的砾石适合用来作石锤。当找不到适合的天然石块时，那些特别具有创造力的古人，便用一块石头敲击另一块石头，以获得所需的形状。打制石器是人类最早的有意识、有目的的创造性劳动，它开启了人类的设计之门和文明之旅。

根据石器的制作方式，由远及近依次划分为旧石器、中石器和新石器三个时代。旧石器时代以使用打制石器为标志。原始人将天然的石块和石片简单地打制成粗糙的石器，大体可分为尖状器、刮削器和砍砸器三种类型。图1-1（左）和图1-1（中）分别是旧石器时代的石锤和石砧，以及用石锤和石砧打制的砍砸器。

到了中石器时代，经济生活仍为采集和渔猎，使用打制石器或琢制石器。随着历史的发展，人类进一步改进了石器的制作，把经过选择的石头打制成石斧、石刀、石锛、石铲、石凿和石镐等各种工具，并加以磨光，使其工整锋利，加以钻孔用来装柄或穿绳，如图1-1（右）。产生了磨制石器工艺的时代，称为"新石器时代"。

图1-1　旧石器时代：石锤和石砧（左）、砍砸器（中）、新石器时代石镐（右）
来源：http://www.chnmuseum.cn

　　劳动创造了人，使人得到更多更好的食物，更加健康长寿。同时，劳动也创造了美。古人对美的追求不是刻意为之，是在劳动生产中自然而然产生的。把石头改造成特定的形状，是为了方便使用。然而，在制造石器时人们发现，那些具有对称结构或某些特定比例和尺度的石器更加好用。久而久之，人类形成了对器形的偏好，从而形成了美感。功能性与形式感的统一是人类社会的基本规律之一，只有经过长期的劳动，才能逐渐发现它，了解它。

　　将实用与美观结合起来，赋予物品物质和精神的双重功能，是人类设计活动的一个基本特点。石器是劳动工具，功能性较强。玉器是具有原始宗教文化象征意义的礼器或法器，所以在造型设计上有更多的主观因素，更具有设计意味，可以比较充分地体现设计制作者的价值观和审美水平。

　　图1-2（左）是新石器时代良渚文化的兽面纹玉琮（公元前2500年），出土于江苏吴县，现藏南京博物馆。兽面纹玉琮是内圆外方的筒型玉器，中间对钻圆孔，器表依饰纹分为两节，以四角为中心，琢磨精细兽面花纹。

　　新石器时期，陶器的发明标志着人类开始了通过化学变化改变材料特性的创造性活动，是人类社会发展史上划时代的标志，也标志着人类手工艺设计阶段的开端。

　　图1-2（中）是新石器时代的陶鬲。陶鬲是古代陶制炊具，有三个乳头形的空心足和柄喙。三点形成一个平面，三个乳头形的足成三足鼎立之势，可以平稳地放置于地面或台面。

图1-2　新石器时代：兽面纹玉琮（左）、陶鬲（中）、涡纹双耳彩陶罐（右）
来源：http://www.njmuseum.com（左）；https://www.dpm.org.cn（中）；http://www.chnmuseum.cn（右）

抽象的线条增强了图案的装饰性，因而丰富了图案结构的变化和连续性。石岭下类型彩陶出现的新因素，反映出图案纹样的表现手法，由写实向写意转变，不再被自然界的具体形象所束缚，更着意彩陶图案的装饰美，这为马家窑文化的彩陶艺术的进一步发展奠定了基础。[1]

图1-2（右）所示的涡纹双耳彩陶罐，新石器时代后期马家窑文化的遗存。古人很早就注意到流体急速旋转时形成的螺旋形旋涡，于是在陶器上描画出涡纹作为装饰。旋涡可以表现水的奇妙和深不可测，万物都是从这个旋涡里出来的，最后又归集到这个旋涡里去，似如水面上漂浮的小草会被吸进旋涡里。陶罐上的涡纹线条明快，笔法流畅，具有强烈的节奏感。

陶鬲的足部造型是模仿人的乳房，是三维人体到三维物体的变换。绘画是另一种形式的模仿，是三维立体到二维平面的映射，例如涡纹双耳彩陶罐的涡纹。学习掌握三维到二维的映射，思维能力会得到进一步的提升，即抽象能力和表达能力的提升。这种抽象的表达能力还表现在将具体的形象提炼为装饰性的几何图案。

1.1.2 铸鼎象物

《左传》中载："昔夏之方有德也，远方图物，贡金九牧，铸鼎象物，百物而为之备，使民知神奸。故民入川泽山林，不逢不若。螭魅魍魉，莫能逢之。"

"铸鼎象物"即在鼎的表面铸上百物的图像，人们看图识物，知道哪些有益，哪些有害，在劳动或迁移时，就能预先防备有危害的东西。当时文盲占了人口中的大多数，相比于文字，图像能够让更多的人了解和掌握相关的知识。似乎铸造鼎的意义在于视觉传达。事实上，青铜鼎的主要用途是作为礼器和炊具。

自从掌握了青铜的冶炼和铸造技术，青铜器逐渐替代玉器成了最具象征意义的礼器，也替代陶器成了贵族阶层最重要的炊具和餐具。《说文》中对鼎的解释是"三足两耳，和五味之宝器也"，即调和五味的尊贵炊具。青铜鼎与陶鬲一样，主要用作餐具，也大多沿袭了陶鬲等器物的造型，故三足鼎的数量最多，所以有三足鼎立之说。

鼎又是旌功记绩的礼器。周代的国君或王公大臣在重大庆典或接受赏赐时，都要铸鼎，以旌表功绩，记载盛况。毛公鼎是西周晚期青铜器，因作器者毛公而得名，1843年出土于陕西岐山（今宝鸡市岐山县），现藏于台北故宫博物院。毛公鼎为直耳，半球腹，足为兽蹄形，矮短而庄重有力，鼎的口沿还装饰有环带状的重环纹，如图1-3所示。

图1-3　西周毛公鼎
来源：https://www.npm.gov.tw

周人虽然也像商人一样祭祀祖先鬼神，却没有商人那么迷信，从他们铸造的器物中也可以看出来。毛公鼎造型浑厚凝重，饰纹简洁古雅朴素，具有浓厚的生活气息，是西周晚期的鼎由宗教转向世俗生活的代表作品。

1.1.3 非图无以作宫室

修筑道路桥梁，建造宫殿民房，制作器械，需事先构思设计。设计者将自己的想法用口头语言告诉制作者，显然难以达意，大规模的工程尤其不便，使用文字也很麻烦，远不如图形来得简单明了。

《易经·系辞》中说："形而上者谓之道，形而下者谓之器"。明末清初的思想家王夫之认为"有形而后有形而上"。在王夫之看来，先有形而下的器，才有形而上的道，道与器的关系类似于毛与皮，皮之不存，毛将焉附。清代学者戴震则认为"形谓已成形质，形而上犹曰形以前，形而下犹曰形以后"（《孟子字义疏证·天道》）。大意是：未成形的抽象的东西叫作道，已成形的具体的东西叫作器，道是本源，而器是道的派生物。

哲学方面的问题在此不展开讨论，借用戴震的话来阐释设计图的作用倒是非常形象而贴切。设计师首先运用知识、经验和想象力进行设计构思，这是所谓的"道"；然后将构思的结果用图形表达出来，这是所谓的"形"；最后根据设计图建造房屋或加工制作产品——"器"。

宋代历史学家郑樵说："非图无以作宫室。凡器用之属，非图无以制器。"（《通志·图谱略·明用》）

1970年，在我国的河北省平山县的古墓中发掘出一块约公元前400年的铜版。铜版的背面记述了中山王颁布修建陵园的诏令，大意是："中山王命令相邦（贝用）主持国王和王后的陵园规划设计，并由有关官员测量绘制成图样，营建时要依照图样上标注的长宽和大小施工。"铜版的正面是中山王陵园的平面图，即"兆域图"，如图1-4所示。

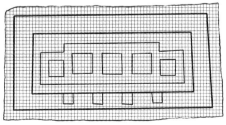

图1-4 中山王墓"兆域图"：实物（左）、摹绘的图样（右）
来源：http://www.hebeimuseum.org.cn/（左）；作者绘制（右）

因为墓地及四周称为"兆域"，所以陵园建筑物的图样，称为"兆域图"。陵园内有三座大墓、两座中墓、四座宫室、内宫垣、中宫垣，各个建筑物及建筑物之间都标注了相应的尺寸。"兆域图"是按正投影法绘制的平面图，与现代建筑制图中的平面图表达方法基本相同。

这种指导工程技术实践的图，称为工程图样。目前已知最古老的工程图样，是公元前1330～前1317年古埃及"芦草席"上绘制的金矿山图，如图1-5（左）所示。

该图详细地反映了金矿区的布局和通道，以平面图的形式表示房屋、水井、矿场通道、庙宇和洗矿池，而将山体的立面图放在平面图中相应的位置，将平面图和立面图混合画在一起。古埃及壁画《水池》采用了同样的画法，将平面图和立面图混合画在一张图中，如图1-5（中）所示。图1-5（右）是拆分后的图样，上为主视图，下为俯视图。

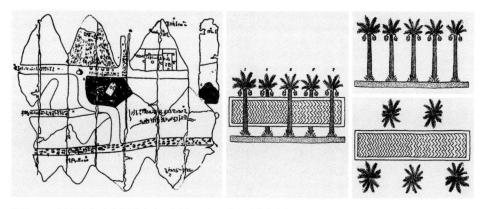

图1-5 古埃及金矿山图（左）、古埃及壁画《水池》（中）、拆分后的《水池》（右）
来源：（日）海野一隆. 地图的文化史[M]. 王妙发，译. 北京：新星出版社，2005.（左）；（苏）索洛维耶夫等编著. 素描教学[M]. 石树仁，译. 北京：人民美术出版社，1958.（中）

像古埃及人建造的金字塔和神庙一样，古希腊人的早期主要建筑都用石料，建筑结构属梁柱体系。古希腊帕提农神庙建于公元前447～前433年，位于雅典卫城最高处，主殿长30米，殿内供奉雅典娜立像。帕提农神庙采用了一些校正视错觉的措施，非常成功，使得建筑形象稳定、平直、丰满。

古罗马人继承古希腊人的建筑成就，并在建筑形制、技术和艺术方面进行了广泛的创新。有两个方面的成就尤其突出，一是将古老的拱券技术广泛应用于庙宇、桥梁和引水渠的建造中；二是除了使用石、砖和金属，还大量采用黏土、石灰、石膏、火山灰等材料混合而成的混凝土。建于公元前27年的古罗马万神庙便使用了混凝土和砖石等材料。万神庙穹顶的直径达43.3米，顶端高度也是43.3米。穹顶中央开了一个直径8.9米的圆洞，成为整个建筑的唯一入光口。从圆洞照射进来的柔和漫射光，照亮空阔的内部，形成一种具有宗教意味的宁谧气息。万神庙夺得穹顶直径最大的世界纪录后保持了近两千年，直到1960年才被罗马新建的直径达100米的体育馆大圆顶打破。

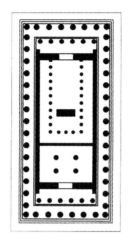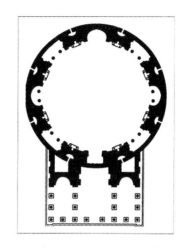

图1-6　古希腊帕提农神庙平面图（左）、古罗马万神庙平面图（右）[2]
来源：（美）卡罗尔·斯特里克兰. 西方建筑简史：拱的艺术[M]. 王毅，
译. 上海：上海人民美术出版社，2005.

图1-6是后人根据帕提农神庙和万神庙绘制的平面图。

　　古罗马建筑师维特鲁威撰于公元前32～前22年间的《建筑十书》是现存最古老且极具影响力的建筑学专著。该书提出建筑学的基本内涵和基本理论，建立了建筑学的基本体系，主张一切建筑物都应考虑"适用、坚固、美观"。该书还论述了建筑制图的原理，但与托勒密的地理学著作一样，留给今人的只有文字，没有图，实属一大憾事。

　　罗马帝国被北方的蛮族灭亡后，西欧进入了中世纪。中世纪前期流行以半圆拱为特征的罗马式建筑风格，从12世纪开始逐渐过渡到以尖拱为特征的哥特式建筑。到15世纪，各地甚至西欧各国的哥特式教堂趋于一致，且都被繁冗的装饰、花巧的结构和构造淹没。意大利文艺复兴时期，艺术史家吉奥吉欧·瓦萨里对这种建筑极其厌恶，认为罗马式才是正统艺术。他以为蛮族哥特人洗劫了罗马，一定也是哥特人发明这种建筑来摧毁罗马式建筑。他说，哥特人把一个个小壁龛上下排列，还有那些没完没了的尖塔、尖顶，用这些可憎之物塞满了欧洲。并轻蔑、厌恶地称尖顶拱风格的建筑为哥特式，意为野蛮人的建筑。[3]

　　哥特式教堂不仅所有的顶是尖的，而且建筑局部和细节的上端也都是尖的，整个教堂处处充满往上冲的趋势，给人一种升入天堂的感觉。在欧洲许多地区，哥特式教堂仍然是城市和乡镇的标志性建筑，在进入城镇之前，远远就能看到教堂的塔尖。

1.1.4　视觉设计

　　从20世纪60年代以来，在中原一带陆续出土了许多东汉时期的画像砖。这些砖上的图画，内容十分丰富，有阙楼桥梁、车骑仪仗、舞乐百戏等，对三维空间的表达也是各具特色。

图1-7（左）是东汉画像砖《四维辎车》，（右）是东汉浅浮雕《马车狩猎图》。画像砖《四维辎车》中的车轮采用了斜透视。画中左侧两个跪迎马车的人，上下排列，是典型的纵透视。上方的人较远，下方的人较近，层次清楚，井然有序。数学史家克莱因说："人的触觉与人的视觉所感受到的世界，有一定的区别，相应地，应该有两种几何学，一种是触觉几何学，一种是视觉几何学。"[4] 用手去触摸马车的车轮，会感觉两个车轮的大小相同；用眼睛去观察，会感觉较近的车轮较大，而较远的车轮较小。

图1-7 东汉画像砖和浅浮雕
来源：洪再新编著. 中国美术史图像手册 绘画卷[M]. 杭州：中国美术学院出版社，2003.

《四维辎车》中车轮的画法，采用的是"触觉几何学"中的"斜轴测"。中学生在数学课中学习过"斜轴测"中的"斜二测"。不分远近，两个车轮画得一样大。在东汉浅浮雕《马车狩猎图》中，车轮采用的画法是"视觉几何学"。较近的车轮较大，较远的车轮较小，"近大远小"的透视效果非常明显。

从这两幅画中可以看出，汉代的画师和工匠已经掌握了一定的透视规律，也掌握了一些画透视图的方法和技艺。[5]

1.1.5 营造法式

东晋大画家顾恺之曾说："台榭一定器耳，难成易好，不待迁想妙得也"。言语中有些轻视以亭台楼阁为题材的绘画，也就是界画。其实，界画到唐代才渐渐成熟，到五代北宋达到高峰。宋代界画的成就离不开宫廷画院的推波助澜，根本的原因是北宋经济的繁荣，宫廷和民间对文化消费的多元需求。

五代宋初画家卫贤所绘《闸口盘车图》是界画中的精品，表现了一个官营磨面作坊，如图1-8。其细致入微的刻画，可以使人看到整齐排列的灰瓦、屋檐下的斗栱和室内的机械结构，可以说是"折算无亏、笔画匀壮、深远透空，一去百斜"（北宋 郭若虚《图画见闻志》）。

图1-8　五代宋初《闸口盘车图》
来源：https://www.shanghaimuseum.net

我国利用水力作动力的技术历史，约有一千九百多年。虽然有文字记载，但缺少直观的图样，所以对当时水排和水碓磨的机械结构，不得而知。

《闸口盘车图》不是机械工程图样，有很多部分无法从画面看到，但所绘水磨、罗面机的装置构造精准写实，是目前发现最早也是最完整的机械图像资料。从堂屋窗框中可以看见面罗上部的罗框和撞机构造；从下面栈架内，可以看见利用水力冲击卧轮的情况。中间部分由于楼板勾槛所蔽，无法看到它的机械传动部分的结构，但大体能够肯定它与水排的构造相类似。因此，也就可以据图推想其完整的结构。其机械传动的大致情况，如王祯所述："掘地栈木，栈上置磨，以轴转磨，中下彻栈底，就作卧轮，以水激之，磨随轮转"（《农书》）。此图属早期界画代表作。界画仅应用于楼阁亭台和一些必须中规中矩的题材，其目的无非是求其表现正确而已。饶自然在《绘宗十二忌·论楼阁错杂》条里说："重楼叠阁，方寸之间，向背分明，角连栱接，而不杂乱，合乎规矩绳墨，此为最难。"《闸口盘车图》体现了当时界画技法的成就，展示了画工建筑、机械工程知识和工程测绘技术，表现了五代宋初的科技水平，皇家对画家的赞助，以及工商业的发展。[6]

因为建筑工程的需要，北宋还官方出版了中国第一本详细论述建筑工程制作法则的著作《营造法式》。此书由北宋的将作少监（相当于工程部副部长）李诫编著，于1100年编成，1103年颁发施行。书中规范了各种建筑制作方法，详细规定了各种建筑施工设计、用料、结构、比例等方面的要求。此书以图为主，辅之以文字说明，运用了多种表达方式来表达建筑物和建筑构件。

图1-9是《营造法式》中的部分插图。从上到下，从左到右，分别为平面图、透视图、平面图和透视图、立面图、立面图与透视图混合画法。

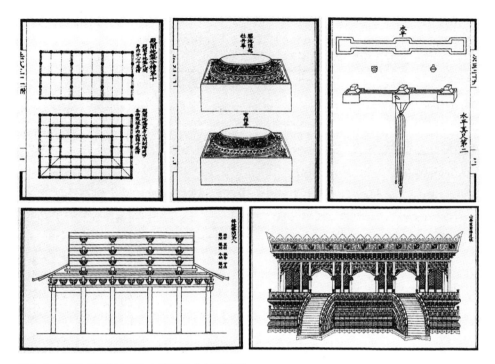

图1-9 宋代《营造法式》中的图样（1103年）
来源：（宋）李诫撰. 营造法式[M]. 北京：商务印书馆，1995.

《考古图》是北宋太学博士吕大临（约1042～约
1092年）所著，成书于元祐七年（1092年）。该书较系
统地著录了当时宫廷和私家收藏的古代铜器、玉器，对
每件器物都精细地摹绘图形、款识，记录尺寸、容量、
重量等，并尽可能地注明出土地和收藏处。

图1-10《考古图》中的插图，是一张标准的两视
图，有主视图和侧视图，与现代工程制图中的两视图完
全一样。图中物件是玉器璃彘。此图没有什么立体感，
更显得简明扼要，两个视图就把物体的形状结构完整、
清晰地表达出来。这种标准的两视图只是妙手偶得，书
中绝大多数插图都是单一的视图，或是视图与透视图和
轴测图的混合画法。

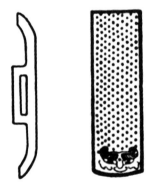

图1-10 玉器璃彘
来源：（宋）吕大临，（宋）赵
九成撰. 考古图[M]. 北京：
中华书局，1987.

1.1.6 文人的情怀

元代农学家王祯（1271-1368）做过两任县尹。作为一个重视民生的地方官，王
祯留心农事，处处观察，根据看到的水转翻车等农业机械，画出各种农具图形，让百

姓仿造试制使用，并集结成《农书》。《农书》包括"农桑通诀"、"百谷谱"和"农器图谱"三个部分，全书约13.6万字，插图281幅。"农器图谱"是王祯在古农书中的一大创造，插图200多幅，涉及的农具达105种，图1-11是其中的插图。

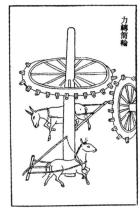

图1-11　王祯《农书》插图
来源：王祯撰. 农书[M]. 北京：中华书局，1956.

宋代以来，手摇纺车和脚踏纺车已经不能适应纺织手工业的需要，于是出现了用水力或畜力驱动的大纺车。水转大纺车的传动机构由两个部分组成，一是传动锭子，二是传动纱框，用来完成加捻和卷绕纱条的工作。王祯看到中原的麻苎产地大量使用水力大纺车，认为它的水轮工作原理"与水转碾磨工法俱同"，即在临流处安置水激转轮，用水激转轮连轴带动纺车转动，进行纺纱。为推广这一高效率的水力纺纱机械，在书中介绍了其结构、性能以及当时的使用情况和结构图。

王祯还写诗称赞这种水力大纺车："车纺工多日百觔，更凭水力捷如神。世间麻苎乡中地，好就临流置此轮。"

明朝建立后，随着当时经济的繁荣，园林和住宅建设非常兴旺，新建成的权贵府第和平民住宅都需要配备大量的家具，形成了对家具的大量需求。宋元时期，文化名人热衷于瓷器，明代的文化人多了一个爱好，研究家具。宋朝的徽宗赵佶是书画大师，明代的熹宗朱由校则是木匠名家。朱由校亲自设计宫殿模型和日用木器的图样，改进家具的形制，从配料到上漆，木匠活的每个环节都亲自操作，乐此不疲，其设计构思及制作手艺不输能工巧匠。文人和权贵的参与对于明代家具风格的形成和品格的提升起到一定的促进作用。这一时期的家具，品种、式样极为丰富，成套家具的概念已经形成。

郑和下西洋，从盛产高级木材的南洋诸国，运回了大量的花梨、紫檀等木料，因此在制作高档家具时可以使用质地坚硬的珍贵木材。家具制作的榫卯结构极为精密，构件断面小轮廓非常简练，装饰线脚做工细致，工艺达到了相当高的水平，形成了明代家具朴实高雅、秀丽端庄、韵味浓郁、刚柔相济的独特风格。图1-12为明代的黄花梨圈椅。

图1-12　明代黄花梨圈椅
来源：网络

明式家具巧而得体，精而合宜，造型古朴典雅，结构严谨，线条流畅，尺度适宜，兼之材质本身的纹理色泽，将传统的中国文化所推崇的内敛而高贵的风范浸润于细节中。

1.1.7　文艺复兴时期的巨匠

中世纪晚期的欧洲，繁荣的海上贸易促进了工商业的发展。意大利佛罗伦萨和威尼斯等城市的行会，由技艺高超的工匠定义部分产品的模型和加工工艺，同行业的工匠利用这些模型和技术来制作同类型的物品。16世纪初，意大利和德国出现了图案书籍。书中展示了可应用于各种雕刻品的装饰形式和图案。在意大利文艺复兴时期，建筑师和船员率先使用绘画来表达物体的构造方式。对于发展设计表达的方式方法，夯实绘画艺术的技术基础，意大利建筑师布鲁内莱斯基（Brunelleschi，1377-1446）居功至伟。

布鲁内莱斯基发明的线性透视法对绘画艺术和建筑设计产生了深远的影响。德国画家丢勒（Dürer，1471-1528）用版画描绘了两位艺术家研究透视的场景，用图画的形式诠释了线性透视画法，如图1-13所示。

固定在墙上的小滑轮相当于视点，穿过滑轮的细线相当于视线。图中一人拉紧细绳线并定位在琴上的A点；另一人移动取景框上的水平和垂直定位线，将两条定位线的交点移到细绳线与取景框平面的交点A^0。A^0就是琴上A点的透视点。松开细绳线，将画板旋转到取景框处，将两条定位线的交点A^0描画在画板上。以此类推，描画若干个透视点，再将这些点连接起来就得到了琴的透视图。

图1-13　丢勒《画琴》
来源：https://www.artisoo.com

图1-14（左）是达·芬奇绘制的铜带轧机设计草图。这张图最明显的特点是同时绘制了两个图，一个以正面为主，一个以顶面为主。因此，这张图能够完整、清楚地表达出铜带轧机正面和顶面的形状结构，以及侧面的形状结构。

这张图不能称为两视图。所谓的视图都是正投影。两视图是两个方向的正投影，三视图是三个方向的正投影。在正投影中，轧机的侧面投影成为一条直线，主视图只反映正面的形状，俯视图只反映顶面的形状。达·芬奇绘制的铜带轧机，两个图都是轴测图。轴测图有较强的立体感，但没有视图简洁、明了。图1-14（右）是达·芬奇绘制的传动机构爆炸图。所谓爆炸图，是将产品中的零件沿装配轴线移动适当的位置，以展示零件的装配关系，即轴测装配示意图。

德国画家丢勒对几何学深有研究，对用图形表达物体的形状结构具有浓厚的兴趣。在他的著作中已应用三个互相垂直的画面表现人脚的形状结构。丢勒不仅采用三视图表现脚的外形，标注了尺寸，还画了两个断面图，如图1-15。

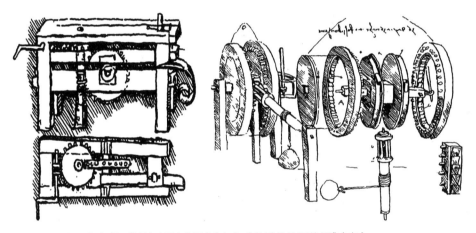

图1-14　达·芬奇《铜带轧机设计草图》（左）、《传动机构爆炸图》（右）
来源：P.J. Booker. A history of engineering drawing[M]. London: Northgate, 1979.

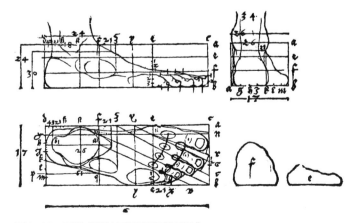

图1-15　丢勒《脚的三视图和断面图》
来源：https://www.artisoo.com

1.2 工业时代

1.2.1 工业革命

在工业革命之前的几千年里，设计、加工和制造通常都由一个或一组工匠来完成。他们根据自己的经验和手艺，以及客户的要求来确定产品的形状、结构和制作工艺。珍妮改进纺纱机和瓦特发明蒸汽机成为工业革命的标志。马克思说，棉、毛、麻、丝等的纺织业是"最早依靠水力、蒸汽和机器而发生革命的工业部门"，是"现代生产方式的最初产物"[7]。工业革命之后，大机器生产逐渐替代手工业生产，手工艺人逐渐被没有传统技艺的工人所取代；产品的设计不仅要满足市场的需求，也必须适应机器生产。

法国启蒙运动的领导人狄德罗主编了一套《百科全书》，于1751~1772年出版。图1-16是该书中的一幅插图。图中炮架的主视图、俯视图，以及火炮的直观图描绘得极为精确细致。

此后不久，法国科学家加斯帕·蒙日（Gaspard Monge，1746-1818）对工程图学的发展作出划时代的贡献。蒙日在数学、化学、物理、锻冶、机械制造等方面，都做出过重大的贡献，其中最显著的成就是创建了画法几何学。有人说蒙日画法几何就是画三视图的方法，这显然是错误的。因为早在16世纪德国画家丢勒已经绘制出了标准的三视图，在工业革命兴起后，必然会产生大量的技术图纸，所以三视图的画法不仅非常普遍，而且已经相当标准化。但是，在蒙日之前的制图属于实用型，只是针对各种各样的需求，设计针对性的制图方法和规则，却没有形成理论体系。蒙日创建的画法几何学是工程制图的理论基础，而不仅仅是三视图的画法，它包括从数学上阐述工程制图的理念体系，以及图解几何问题的方法等。在蒙日编著的《画法几何学》中

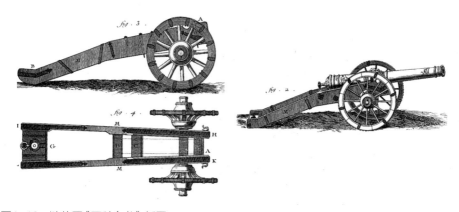

图1-16　狄德罗《百科全书》插图
来源：Denis Diderot. A Diderot Pictorial Encyclopedia of Trades and Industry[M]. London: Dover Publications, 1959.

有一个非常简单且有代表性的题目，用旋转法求线段的实长，如图1-17。

图1-17中的左图表现了正投影面展开的过程；右图中，过e点在正面投影中作一水平线，使eH等于ab，b′H即线段AB的实长。

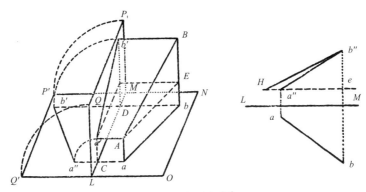

图1-17 投影面展开和旋转法求线段的实长[8]
来源：（法）蒙日（G.Monge）. 蒙日画法几何学[M]. 廖先庚，译. 长沙：湖南科学技术出版社，1984.

用轴测图来表达建筑、家具和其他产品的设计已经有上千年的历史，还有一些画家采用画轴测图的方法来进行艺术创作，中国的界画大多采用轴测画法。英国数学家、工程师法里什用数学的语言对轴测图的画法重新进行定义，使得轴测图与所表达的对象建立起一种准确、规范的对应关系，成为一种科学的表达方法。图1-18是法里什论文中的雕版插图，图中显示的是演示机械动力传输原理的示范装置。

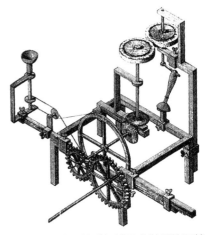

图1-18 法里什《机械示范装置的正等轴测图》（1820年）
来源：P.J. Booker. A history of engineering drawing[M]. London: Northgate, 1979.

1.2.2 西学东渐

明代后期以及清代的闭关锁国使得中国的科学技术停滞不前，而西方在文艺复兴，特别是工业革命之后，科学技术得到了迅猛发展。从明朝末年开始，腐朽落后的中华帝国屡屡遭到西方列强的冲击和侵略。与此同时，西方的科学技术和宗教文化也传入中国。

在西洋传教士郎世宁（1688-1766）的帮助下，清代学者、官员年希尧（1671-1739）编撰了《视学》一书，于1729年初次出版。《视学》图文并茂，介绍了线性透视法的基本原理和基本方法，也介绍了一些轴测图和正投影的基本画法。图1-19是《视学》中有关一点透视的插图。

　　郎世宁于清康熙五十四年（1715年）来中国传教，后成为宫廷画家。他摸索总结出一套中西合璧的绘画技法，并将这些绘画技法传授给清朝的宫廷画师。图1-20是郎世宁创作的《白鹰》，图1-21是清代宫廷画师焦秉贞创作的《风景》。这两幅采用了线性透视法，非常严谨，但又明显有别于西洋画，具有中国工笔画的意味。

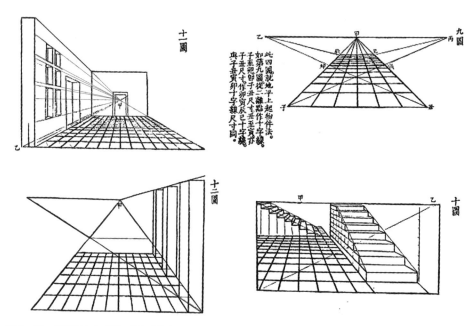

图1-19　（清代）年希尧《视学》插图
来源：（清）年希尧撰. 视学[M]. 上海：上海古籍出版社，1996.

图1-20　（清代）郎世宁《白鹰》
来源：网络

图1-21　（清代）焦秉贞《风景》
来源：网络

郎世宁曾向康熙皇帝提议，开办学习西方透视学理论的美术学校，没有得到采纳。年希尧指望《视学》的出版引起大家对透视学的重视，也落空了。除了在几个沿海的通商口岸有些中国人画西洋画，其他地区各行各业仍旧沿袭传统的绘画技法和制图方法。

鸦片战争之后，部分有识之士兴起了"师夷之长技以制夷"的洋务运动。《器象显真》是我国第一部引进西方机械制图的译著，由英国人傅兰雅与中国人徐建寅合译。原著的英文名直译应为《工程师与机械师制图手册》。全书共四卷，分别介绍了画图器具（绘图仪器及其使用方法）、用几何法作单形（基本几何作图方法）、以几何法画机器视图和机器视图汇要。其中"以几何法画机器视图"，主要介绍正投影基本原理及三视图的画法。其中介绍三视图形成的原理部分如图1-22所示。

"机器视图汇要"着重介绍螺纹及螺纹连接件、齿轮、机械零件图和装配图的画法和标注。

虽然洋务运动以失败收场，但洋务运动过程中引进吸收的西方科学技术对我国近代工业的发展起到了促进作用。

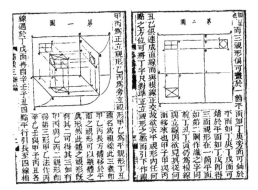

图1-22　《器象显真》中的三视图原理[9]
来源：刘克明. 从《器象显真》看西方工程图学的引进[J]. 工程图学学报，2004（1）：98-103.

1.2.3　现代主义

整个19世纪，西方的工程师和设计师都在不断探索如何将手工艺传统与机器产品结合起来，为机制产品寻求一种合适的具有美感的造型。为解决工业生产中的技术与艺术的矛盾问题，一场轰轰烈烈的手工艺运动风起云涌。手工艺运动与生产力发展的趋向相背而行，排斥工业化生产，不可能从根本上解决技术与艺术的矛盾，但是，它对自然、设计道德、设计目的的重视，都影响或者引发了风靡整个欧洲大陆的新艺术运动。

新艺术运动反对折中主义，主张对人造生活环境进行新的超越传统的综合性设计。他们重视现实与自然，研究自然中的动态视觉元素，尤其是草木生长的生命形态，并将其提炼为一种流畅婉转、充满活力的动态的艺术形式，成为新艺术运动装饰形式的重要特征。他们意识到工业化的势在必行，因此不排斥工业化大生产，但是新艺术对于曲线装饰形式的热衷，难以与建筑或者产品的结构相吻合，使其设计只能止步于表面装饰；而且这种设计给工业化生产带来极大的困难，徘徊于批量化生产与设计产品的个性化之间，而更适合手工操作，使得其产品还是只能为富裕阶层所拥有。新艺术运动就是这样站在传统与现代的分水岭上，成为设计发展史上一个重要的衔接点。

1919年创办的包豪斯学校是德国的公立设计学校，办学宗旨是将工艺与美术结合，强调艺术家需要到工厂工作，接受培训。第一次世界大战后，包豪斯学校的首任校长兼建筑师格罗皮乌斯想建立一种新的建筑风格来反映新时代。包豪斯学校大楼就是这种风格的代表作，如图1-23所示。

包豪斯的设计脱离了装饰，追求产品或建筑的功能、高性价比、便于大批量生产，以及设计本身的和谐统一。引领设计变革的包豪斯之所以强调简化、合理和功能，正是与德国工匠协会的宗旨一脉相承。20世纪初以来，随着钢筋混凝土的推广使用，建筑行业发生了根本性的变化：钢铁、水泥和平板玻璃逐步取代了传统的木料、石料和砖瓦，成为现代建筑的主要材料；拼装式的建筑方法流行；高层建筑日益增多，各种建筑流派不断涌现，从而影响到工业设计。另一方面，包豪斯的美学观念深受20世纪初以来欧洲产生的现代艺术影响。青骑士成员、抽象派画家瓦西里·康定斯基曾在学校任教。

包豪斯还是现代家具设计的发祥地。图1-24是荷兰设计师马特·斯塔姆（Mart Stam）设计的采用高强曲张性钢质材料的悬壁椅。

1933年，希特勒上台后关闭了包豪斯学校。德国的现代主义设计运动虽然被法西斯政权扼杀，但是最重要的设计人物，包括建筑大师路德维希·密斯·凡·德罗，基本上都流亡去了美国，继续进行探索和实践。

图1-23　魏玛包豪斯学校大楼
来源：网络

图1-24　斯塔姆《悬壁椅》（1925年）
来源：网络

1.3　信息时代

1.3.1　后现代主义

设计作为一种实用艺术，功能性将成为恒久的标律。现代主义设计强调的标准化、系统性，可以为不同国家、使用不同语言的人们提供方便，规范化的标志、标牌设计，甚至可以成为一种世界语言。

现代主义设计的主要弊端是用同一种方式对待不同地方和不同的人，从而忽视了民族特点和地方特色。模仿者一般不注重对细部结构的处理，像雅各布森这样能够在继承现代主义设计理念的基础上，结合本民族特色不断地创新和完善的大师更是少之又少。因此国际主义风格的流行，造成了形式的雷同，降低了设计的美感。

美国建筑家、理论家罗伯特·文杜里最早明确提出了反现代主义的设计思想。他首先肯定了现代主义是对人类文明进程的伟大贡献，同时他又提出现代主义已经完成了它在特定时期的历史使命，国际主义丑陋、平庸、千篇一律的风格，已经限制了设计师才能的发挥，并导致了欣赏趣味的单调乏味。文杜里对"少即是多"唱反调，说："少令人生厌"，虽然没有清楚地提出后现代主义设计的法则，但他对风格混乱、含义模糊、具有隐喻和象征意义的建筑表现出来的浓厚兴趣，引导了后现代设计的发展方向。

后现代主义宣扬文化多元论及其差异性、开放性与变异性，强调设计的个性和民族特征，同时又表现出古典的回归。埃托·索特萨斯（Ettore Sottsass，1917-2007）是后现代主义的代表人物。1981年，年过六旬的大师与一群年轻设计师成立了著名设计组织——孟菲斯。孟菲斯的设计强调物品的装饰性，大胆使用鲜艳的颜色，展现出与国际主义、功能主义完全不同的设计新观念。

图1-25是索特萨斯设计的书架。书架像小孩子搭的积木，使用了塑料贴面、五颜六色、形状奇特，极像一个抽象的雕塑作品，几乎没有提供可以放书的空间。他的许多设计作品远离现代主义设计原则，不仅为理论家提供了反思现代主义设计的话题，也激发了设计师创造的灵感。

后现代设计活动因其不具备实用性，基本上停留在风格和形式方面，但新颖独特的设计打破现代设计中国际主义风格单调乏味的沉闷气氛，帮助人们找回在机器声中失去的自我。

图1-25 埃托·索特萨斯《奇形怪状的书架》
来源：网络

1.3.2 数字设计

计算机和互联网的出现，信息化社会的形成和发展，使得设计与众多传统的行业一样成为被改造的对象。计算机作为一种理想的现代设计工具，导致设计手段、方法、过程等产生一系列的变化，社会从此逐步迈入"数字化"的设计时代；另一方面，设

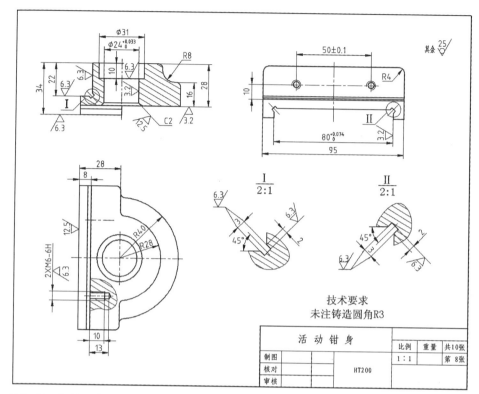

图1-26　机械零件图

计从范围、定义、本质、功能及教育诸方面，也开始发生重要的变革。

图1-26是一张用计算机绘制的机械零件的工程图样，即零件图。尽管是一张非常简单的图样，但麻雀虽小，五脏俱全。图纸中绘制了零件的形状，标注了各种尺寸、尺寸公差、表面粗糙度和文字注释等内容。

过去，人们通过图纸来传递设计信息。今天，更多的是通过网络来传递设计信息。设计图可以呈现在图纸上，可以呈现在显示器上，也可以呈现在手机屏上，甚至可以在手机上进行设计工作，如图1-27所示。

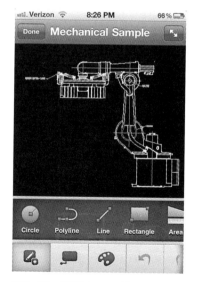

图1-27　手机CAD系统界面
来源：网络

不论是以纸质的形式呈现，还是以电子的形式呈现，对于现代社会，设计图、施工图、零件图和装配图不可或缺。否则，将是"图谱之学不传，则实学尽化为虚文矣！"（郑樵《通志·图谱学》）

第 2 章

设计创意基础

简而言之，设计创意即有创意的设计。创意是一种思维活动，是产生了新观点、新主意、新花样的思维活动。本章就设计的基本形态、创意思维、点线面的美与理等几个方面展开分析和讨论。

2.1 设计的基本形态

形态是事物在一定条件下的表现形式。设计形态指设计作品的外部形式与内在逻辑及其相互之间的关系。本节通过介绍设计的基本要素和分类来探讨设计的形态。

2.1.1 设计的基本要素

设计的基本要素可以概括为功能、造型、材料与技术、人因等四个要素[10]。现以钟表发展过程为例说明这些要素的意义及相互关系。

钟表是钟和表的统称，是计量和指示时间的仪器。

1. 原始的"钟表"

因为远古没有计时器，古人只能通过观察天色的变化、太阳照射的角度来估计时间的早晚。《易·系辞下》写道："日中为市，致天下之民，聚天下之货，交易而退，各得其所。"意为部落头领告诉大家，在太阳当头的时候，即正午，一起来集市交易货物。

后来发现可以利用某些自然现象和规律来计时。发现了阳光影子的长度、方向与时间的关系，从而发明了日晷，图2-1是复原的日晷。

图2-1　日晷
来源：网络

2. 天文钟和古玩钟

13世纪欧洲的僧侣开始建立钟塔（或称钟楼），用钟声提醒人们到了做祷告的时间，钟具成了宗教强权的御用工具，其社会功能突显。捷克首都布拉格老市政厅钟楼上有一座中世纪的"大笨钟"——天文钟，建于1410年。这座自鸣钟上面的钟一天转一圈，下面的钟一年转一周，体现了当时以地球为宇宙中心的宗教观念，如图2-2。

时至今日，天文钟的实用功能变得微乎其微，社会功能也发生了转变，宗教色彩不再那么浓厚，而审美功能和象征功能变得更加重要。每一个看到这座古老天文钟的游客无不被古代能工巧匠的精妙技艺所折服，而生出思古之幽情。

钟表的演变经历了三个阶段：第一阶段是从大型钟向小型钟演变；第二阶段是从小型钟向怀表过渡；第三阶段是从怀表向手表发展。每一阶段的发展都与当时的技术发明分不开。大型钟是利用重锤释放的能量推动一系列齿轮运转，小型钟利用发条提供动力。明末清初机械钟表开始传入我国，逐渐取代了传统计时器。18世纪，清代宫廷大量使用机械钟表。大部分钟表是西方国家的产品，也有小部分是我国自制的产品。清宫中的这类铜钟以计时准确、造型华美、色彩绚丽博得帝后们的喜爱。图2-3所示的铜镀金象驮琵琶摆钟是北京故宫博物院的藏品。

造型是产品的实体形态，是功能的表现形式，通常受制于实用功能。清代宫廷的钟

图2-2　布拉格天文钟
来源：网络

图2-3　铜镀金象驮琵琶摆钟（故宫博物院）
来源：https://www.dpm.org.cn

表既是计时器，又是装饰品，所以几乎不受实用功能的限制，每一只钟表的造型都迥然不同，而所用材料极为昂贵，加工成本也极高。这种钟表所具有的实用功能与普通钟表相同，但两者的象征功能和社会功能却有巨大的差异。所谓象征功能，代表着使用者或拥有者的身份、地位、文化品位与个性表现等。社会功能即表现为生产和使用过程中的经济关系和阶级关系。象征功能和社会功能正是驱使人们购买奢侈品的动能。

3. 怀表和手表

　　怀表发明于1462年，因其成本高昂，使用者极少。1886年，在改进了齿轮装置和调整装置后，极大地降低了小型钟表的制造成本，因此设计生产了便宜的怀表。这样，昔日昂贵的怀表成了普通民众的消费品。怀表的英文原意是口袋里的表，所以也称为袋表。通常，怀表放在西装马甲的口袋里，表链系在衣扣上。图2-4（左）是一只仿旧风格的怀表。

　　1887年，有设计师将怀表的表头装在女性的手镯上做装饰。这种手镯深受时髦女士的青睐。当时人们还只是把它当成是一件首饰，没有认识到它的实用价值。后来，人们逐渐发现这种装有表头的手镯用来计时比怀表更方便，于是用皮革、金属等材料制成表带，以替代昂贵的手镯。因为这种表是戴在手腕上，所以称它为手表，或称为腕表。图2-4（右）是一只国产手表。

图2-4　怀表和手表
来源：网络

　　实用功能还包括使用功能。使用功能是指操作是否方便。使用功能差的产品会使产品的实用功能打折扣。在使用功能方面，手表比怀表好，所以手表逐渐取代怀表，成为日常消费品。时至今日，怀表主要是作为纪念品来收藏。

　　技术是实现产品功能的决定性的因素，20世纪50年代电子技术飞速发展，电子表成为市场的新宠。这种新式钟表计时准确、价格便宜，深受消费者喜爱。图2-5是一只指针式石英电子表和两只数字式石英电子表。

图2-5　指针式石英电子表（左）和数字式石英电子表（中、右）
来源：网络

随着移动技术的发展，科技公司开发出智能手表，使过去只能用来看时间的手表具有了信息处理能力。智能手表除指示时间之外，还具有通话、音乐播放、信息助手、公交地铁及移动支付；连续心率检测、睡眠监测、日常活动跟踪；语音助手，支持丰富的APP，内置GPS实时轨迹地图，运动指导评估等功能。

智能手表中的低端产品，进一步降低配置，仅提供智能运动等一些简单的检测功能，就发展成了智能手环。手表通常有表头、表带。采用工程橡胶制造的手环柔软轻便，一体式的设计风格充满现代感和科技感，又因为价格低廉，深受消费者喜爱。图2-6所示是一只智能手环和两只智能手表。

图2-6　智能手环（左）和智能手表（中、右）
来源：网络

在设计的过程中，功能、造型、材料与技术、人因四个方面都不是独立存在的，它们之间存在着相互依存、相互制约又相互统一的辩证关系。"功能至上"、"技术至上"、"形式至上"和"唯美主义"都有失偏颇。

2.1.2　设计的分类

在社会、经济和技术高速发展的今天，各种设计类型本身和与之相关的各种因素都处在不断的发展变化中。许多设计概念的内涵和外延都还模糊不清，在理论层面和应用层面，都还没有给予确切的定义和界定。[11] 尽管如此，根据一定的标准进行分类可以使大类与子类之间的层次分明，子类与子类之间的关系清晰，有助于专业的定位和发展。

从不同的角度或标准对设计进行分类，会得到不同的结果。最简单的分类方式是按设计的对象进行分类。按设计的对象进行分类，可分为：工业设计、建筑设计、园林设计、室内设计、家具设计、广告设计、服装设计等。分类通常是有层级的，可以把具有某些相同属性的设计对象归到某个类中。

如从设计的维度来进行划分，可分为：二次元设计、三次元设计和四次元设计。二次元设计即平面设计，三次元设计有时间平面设计和立体设计两种，四次元设计即时间空间设计。

按设计对象的用途进行归类，可分为：视觉传达设计、工业产品设计、环境设计和数字产品设计等。

类和对象是两个不同层级的概念。视觉传达作为一个类，字体、插图是属于这个类的对象，因此，字体设计、插图设计与视觉传达设计不能并列。

遵照上述分类原则，划分结果如表2-1所示：

设计的分类[12]　　　　　　　　　　表2—1

维度	领域	视觉传达设计	实体产品设计	环境设计	数字产品设计
二次元	平面	字体设计 标志设计 插图设计 书籍装帧设计 平面广告设计 形象设计 ……	纺织品设计 壁纸设计 ……	壁画设计 ……	网页设计 2D动画造型设计 2D游戏造型设计 ……
	时间平面	平面动画设计 平面灯光设计 ……	……	……	动态网页设计 2D动画设计 2D游戏设计 2D交互设计 ……
三次元	空间	包装设计 展示设计 化妆设计 ……	手工艺品设计 家具设计 服装设计 装饰品设计 陶瓷设计 交通工具设计 家用电器设计 文具设计 ……	城市规划设计 建筑设计 室内设计 园林设计 公共艺术设计 ……	3D造型设计 ……

续表

维度＼领域		视觉传达设计	实体产品设计	环境设计	数字产品设计
四次元	时间空间	舞台设计 影视设计 立体灯光设计 烟火设计 ……	……	……	虚拟现实设计 增强现实设计 3D动画设计 3D游戏设计 3D交互设计 ……

对于上述的分类，必须强调的是：设计创意无远弗届，不论如何分类，不论取怎样的名称，只是为了易于理解和表述，不能因此束缚创造思想。许多好的设计创意是在跨界交流、碰撞和刺激下产生的。

2.2 创意思维

设计创意是指与已有的设计相比，在某些方面有所创新的设计思想。这个新的设计思想不是凭空产生的，而是凭借训练、技术知识、经验及视觉感受，为实现设计目标，经过深思熟虑而产生的结果。深思熟虑中的思和虑就是人脑的思维活动。

2.2.1 思维与想象力

思维经常与创新联系在一起，是一个使用频度颇高的名词。然而，思维的概念比较模糊，有必要梳理一番。

汉语中的"思维"一词可以作为名词，也可以作为动词。

作为名词，思维是指人类特有的一种精神活动，比如逻辑思维、形象思维。

作为动词，思维是指进行思维活动，比如：再三思维。也作思想。[13]

同为动词，思维与思想相当。同为名词，思维与思想的意思却大不相同。思想作名词是指思维活动的结果，比如诸子百家的思想。

首先，思维是一种精神活动。人有时可以意识到自己的精神活动，比如证明一道几何题；有时意识不到，比如熟睡时做梦。通常称前者为显意识，称后者为潜意识。显意识时的思维可称之为显思维，潜意识时的思维可称之为潜思维。钱学森将思维分为抽象思维（逻辑思维）、形象思维（直感思维）和灵感思维（顿悟思维）[14]。

在表象的基础上进行的思维即形象思维，在概念的基础上进行的思维即逻辑思维，两者都发生在显意识。如果不是发生在显意识，就不可能意识到进行了分析、综合、判断和推理。发生在潜意识的思维是直觉思维，如图2-7。灵感思维是直觉思维的特殊情况。

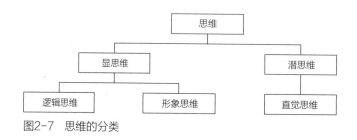

图2-7　思维的分类

1. 逻辑思维与形象思维

逻辑思维是借助于抽象的概念，按一定逻辑关系进行分析、综合、判断、推理等认识活动的过程，是一种理性思维，具有规范、严密、确定和可重复的特点，侧重于分析。

形象思维，是感受具体形象的表象，再从情感和理智两方面对形象进行感知、分析、综合和判断，以解决问题的思维方法。其特点是借助于具体的形象（或表象），兼具感性和理性，但不受形式逻辑的约束，思维过程中可能会偷换概念和论题，条理不甚清晰，模棱两可，甚至自相矛盾，侧重于综合。

下面以证明两个三角形是否相等为例，来说明形象思维和抽象思维方法的不同。

中学生会利用已知条件，运用平面几何的基本概念，以及相关公理和定理，通过一系列的"因为"、"所以"，比如得出角A等于角D，角C等于角F，边AC等于边DF，从而证明命题成立，如图2-8（a）所示。

这个过程的思维方式是典型的逻辑思维。

没有学过几何学的人，根本就没有几何学的基本概念，只能通过表象，即三角形的形状和大小来进行分析和判断。可能会分别测量一下两个三角形的边长，看看这些边是否都相等，或直接把两个三角形叠放在一起进行比较，以确定两个三角形是否相等，如图2-8（b）所示。

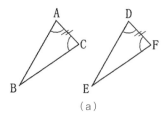

（a）　　　　　　　　　　　　　　　　　（b）

图2-8　证明两个三角形相等

这种思维方式属于形象思维。

还有一个人尽皆知的小故事与此相似。

爱迪生的助手阿普顿是名牌大学数学系毕业的高材生。一天，爱迪生把一只玻璃灯泡交给阿普顿，要他测算灯泡的容积。

阿普顿拿着灯泡琢磨了一阵，用软尺在灯泡上左量右量，又在纸上画了好多的草图，写满了各种尺寸和计算公式。爱迪生一看，还没算出结果，拿过灯泡，往里面倒满水，再递给阿普顿说："把这些水倒进量杯，就知道灯泡的容积了。"

报童出身的爱迪生擅长形象思维，数学系高材生阿普顿擅长逻辑思维。这样一种场合，往灯泡里灌水是简易实用的好方法，但抽象的方法具有更大的灵活性和适用性，不是什么东西都可以往里面灌水。例如新设计的灯泡，实物还没做出来，想灌水，也没法灌，还得用数学的方法来解决，并且，现代设计的利器——计算机辅助设计，最重要的技术基础就是数学。只不过，在爱迪生的时代，在爱迪生的实验室中，还是爱迪生的办法更实用。

2. 直觉和灵感

直觉思维简称直觉，指直观感觉，是没有经过分析推理的观点。

成语"不假思索"，意思是不用想便作出判断，这便是直觉。目之于色也，有同美焉。如果神话故事中的七仙女下凡，肯定人见人爱。如果是一幅画，则很可能，有人喜欢，有人不喜欢。看到模样标致的人，婴儿都会产生愉悦感，这是人的本能。看到一幅画，直觉就不那么灵了。一个画家或艺术评论家看到一幅画，凭直觉就能作出比较准确的判断，是因为他受过长期的专业训练，积累了丰富的阅历和知识，对色彩和造型比常人敏感。与画家和艺术评论家的这种能力相似的是运动员的肌肉记忆。对肌肉记忆的认识通常有一个误区，以为它只与肌肉有关，而不关乎大脑。实际上，肌肉记忆是通过感觉中枢以及精神或心理上的反应，来对身体的特定部位进行刺激或促使其活动[15]。

与运动员的肌肉记忆相似，画家和艺术评论家的审美直觉，可以称之为视网膜记忆。肌肉记忆需要力量、速度和灵活性，才能体现出成效。视网膜记忆不需要强壮的肌肉。但它们在大脑中的思维活动应该是相同或相似的，都是将显思维不断重复，潜移默化，逐渐沉入潜意识。

钱学森说："光靠形象思维和抽象思维不能创造，不能突破；要创造要突破得有灵感。"[16]

爱因斯坦相信"直觉和灵感"。他说："在科学发明创造过程中，从科学观察和实验到一种新见解的脱颖而出之间，没有'逻辑的桥梁'，必须诉诸于直觉和灵感。"[17]

新见解脱颖而出的那一步，必定有灵光一现，即产生灵感，如图2-9所示。

灵感是直觉中的一种，是超常的、具有创造性的直觉。因为灵感属于潜思维，形

图2-9　思维的组合与突破

成的机理仍然是一个谜，所以显得比较神秘，对它的解释也是众说纷纭，莫衷一是。
但是灵感形成的表象还是有迹可循的。

王国维借用三首诗词中美妙的文字来形容文学艺术创作的三个层次。第一层次，
"昨夜西风凋碧树，独上高楼，望尽天涯路"；第二层次，"衣带渐宽终不悔，为伊消得
人憔悴"；第三层次，"众里寻他千百度，蓦然回首，那人却在灯火阑珊处"。

最后那首词是摘录自辛弃疾的《青玉案·元夕》。王国维的意思应该是指"蓦然回
首"的那一下产生了灵光一现，灵感迸发。

关键是到哪里去回首，什么时候回首？

美国心理学家华莱士曾对许多创造发明家的自述经验进行研究，归纳出创造性思
维的四个阶段：

（1）准备期

提出课题、搜集各种材料、进行思考的过程，也就是有意识地努力的时期。

（2）酝酿期

冥思苦想总找不出主意，感到处处碰壁，灰心丧气地想撒手不管了，这是有意识
的努力一度中断的时期。但这期间本人的潜在意识仍在不知不觉中活动。

（3）顿悟期

突然之间出现了解决问题的"顿悟"。这种"顿悟"并不是本人有意识地努力得来
的。它的出现，大都是在疲倦极了、一度休息之后，或者是正当转而注意别的事情、
完全忘神的时候。这种所谓的"顿悟"，主要并不是由语言表达出来，而是通过视觉上
的幻象表达出来的。

（4）检证期

这是把"顿悟"得来的思想方案仔细琢磨、具体加工的过程。[18]

所谓"顿悟"，就是灵感。华莱士的四个阶段与王国维的三个层次大同小异，虽然
他们都没有回答如何才能产生灵感，但从中可以得出这样一个结论：灵感是一种瞬间
产生的直观感觉，以一种或明或暗的形象呈现出来；灵感的产生跟逻辑思维没有直接
的关系，跟形象思维的关系密切，需要很强的想象力。

3. 想象力

爱因斯坦说："想象力比知识更重要"，"逻辑会把你从A带到B，但想象力能带你

去任何地方"。

想象是将储存在头脑中的形象进行改造的能力，属于形象思维。改造产生的新形象可能是通往未知数学公式和物理定律的途径，可能是计划拍摄的影视作品中的人物和情节，也可能是准备开发设计的新产品的雏形。仿制一件产品，不需要想象力，设计一件新产品，没有想象力肯定不成。哲学家狄德罗说，没有想象力"既不能成为诗人，也不能成为哲学家"。当然，也不可能成为设计师。

文学创作或艺术设计是通过想象进行构思的。作家构思一个人物时，要想象这个人的长相和穿着、讲话的措词和语气。设计师构思一个新产品时，要想象出它的形状和颜色，以及未来的用户使用时的体验。

想象过程是以人或物的形象作为思维对象，所以想象属于形象思维。

想象不受时间和空间的限制，但想象的基础是人脑中已有的形象。比如一提到汽车，马上就想到各种各样的汽车，更进一步，可能会将这些汽车拆解并重新组合成一辆新型的汽车，甚至把汽车与船整合成一辆能在陆地和水面行驶的汽车。想到各种各样的现存的汽车是再造型的想象，而想象出新型汽车是创造型的想象。

想象力人人都有，多数人只停留在再造想象，认为创造是大师的事，自己力所不能及，不敢迈过心里的这道槛，达到创造型想象的境界。苏轼说："非才之难，所以自用者实难"。不是才能难得，而是自己把才能施展出来非常困难。

想象力并不玄乎，哲学家尼采说："想象力也是生活的积累，感知的所得。"[19]

做事专注，集中精力，在学习和工作中不断地积累知识和经验，像儿童一样带着好奇心去观察世界、了解世界，不局限于自己的专业。比如量杯，是化学专业经常使用的实验仪器，虽然数学专业比较少用，但也是一种常用的实验仪器。数学专业毕业的阿普顿习惯用他擅长的计算来求灯泡的容积，这是思维惯性，自然没有错，但如果熟悉量杯的话，可能就会想到用量杯来解决问题。想到这种因地制宜的方法，需要比较广博的知识，也需要一点想象力。

2.2.2 思维的"调色盘"

学习、分析和了解思维方法，是掌握创新方法的必由之路。

1. 思维的"三原色"

显示器上常用的RGB色彩模式是工业界的一种颜色标准。通过对红（R）、绿（G）、蓝（B）三个颜色通道的变化，以及它们相互之间的叠加，可以得到不同的颜色，几乎包括了人类视力所能感知的所有颜色。色光三原色具有独立性，红、绿、蓝中的任何一色都不能用其余两种色彩合成。

与此相似，形象思维、逻辑思维和直觉思维是思维的"三原色"——三种基本思维。小朋友画画多用纯色，现实世界却是五光十色、万紫千红，人的思维也是如此，小朋友的头脑比较简单，成人的头脑更像一个调色盘，将思维"三原色"以不同的方式和比例进行调配，很少用单一的基本思维来思考问题。下面举例加以说明：

"众里寻他千百度，蓦然回首，那人却在灯火阑珊处。"

到"众里"（人多热闹的地方）找人，是思维惯性使然。不经意地回头一望，却在人少灯稀的地方看到了意中人。辛弃疾不曾想，要找的是一位能够享受孤独的佳人。如果这位佳人喜欢凑热闹，就少了这份娴静的美感，中华文学宝库就少了这首好词。文学艺术创作以形象思维为主，借景生情，情景交融，营造出诗意和美感。然而，没有灵感，辛弃疾也写不出《青玉案·元夕》这样的传世佳作。由此可见，艺术创作是以形象思维为主，逻辑思维为辅，而灵感起到画龙点睛的作用。

如果辛弃疾的这首词描述的是真人实事，不经意的回头，事出偶然，不足为训。如果非要从中总结经验，那就是找人之前要静下心来，搞清楚自己究竟喜欢什么样的人，再设身处地想一想，然后直奔灯火阑珊处。然而，如此一来，写出的就不是一首词，而是一篇充满理性色彩的"恋爱指南"。写某某指南之类的小册子，当然是以逻辑思维为主，形象思维为辅。

2. 思维的方向性

逻辑思维和形象思维具有方向性。思维的方向是以事物发展变化的方向作为参照，分为正向、反向和横向。

（1）正向思维

正向思维是以目标为导向，以已经具备的物质条件为基础，运用已知的知识和经验进行综合分析、推理判断、验证，得出初步结论，再以此类推，逐步向目标推进，最终达到目标（图2-10）。

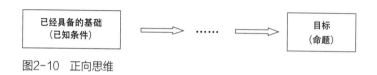

图2-10　正向思维

几何学中的综合法是正向思维方法的典范。借助图形的直观形象，以一些基本名词（如点、直线、平面等）和关系（如衔接、顺序、合同等）满足一套公理或公设，经过一定的逻辑推理，导出一系列的定理。这种研究方法，称为古典公理法或综合法。[20]

在《几何原本》中的定理，大多数已经被欧几里得之前的数学家发现并证明，所以欧几里得工作思维方式主要是有的放矢的正向思维。这种思维方式比较程式化，容易掌握，已大量运用于专家系统、人工智能等领域。当面对复杂问题时，运用这种思维方式成功的概率不大。当然，撰写《几何原本》是一项庞大复杂且极具创造价值的系统工程。

正向思维又称为：纵向思维、递进思维、求证思维、推理思维、核心思维。

（2）反向思维

反向思维是"由果索因"，从目标出发，由未知探需知，逐步推向已知（图2-11）。

图2-11　反向思维

正向思维是从原因推导结果，反向思维是从结果来找原因。"反其道而行（思）之"并不一定是反向思维。"反其道而行（思）之"是采用与别人的相反的方法来行事或思考问题，是针对人而不是针对事，与事物发展的因果没有必然的关系。

人们习惯于正向思维，因为它"顺乎自然"，顺应了事物发展的方向。在某些特殊情况下，运用反向思维能够将问题简化，迅速找到解决问题的方法。例如，一些几何证明题，很难从已知条件直接证明结论，反过来，从结论或结论的反命题出发，很容易推出结论成立或不成立的条件。反证法就是反向思维的范例。证明立体几何的问题，就常采用反证法。

反向思维又称为逆向思维。

（3）横向思维

横向思维是通过联想，找到在某些方面具有相似性的事物或类似问题，分析事物的形态和成因或类似问题的解决方法，从中获得启示。

横向思维又称为：转化思维、对比思维、联想思维、侧向思维等（图2-12）。

正向思维以逻辑思维为主，反向思维兼具逻辑思维和形象思维，横向思维以形象思维为主，直觉思维在其中起到画龙点睛的作用。

逻辑思维和形象思维都有正向、反向和横向，逻辑思维的方向性比较清晰，形象思维的方向性比较模糊。直觉思维是潜意识思维，是否有方向性，目前还无法确定。

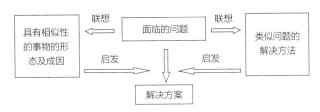

图2-12　横向思维

3. 创意思维方法

从亚里士多德的相似、矛盾、接近、组合等联想四定律，到现代的"头脑风暴"，无数哲人和学者总结了难以计数的创新方法。令人眼花缭乱，无所适从。

本质上来说，所有的思维都是基于思维"三原色"——形象思维、逻辑思维和直觉思维。在具体的思维活动中，三种基本思维以不同的权重或串联或并联，加之思维具有方向性，理论上可以组合成任意多种思维方法。这些思维方法结合不同的专业知识和经验，产生了无数各具特色的思维，如数学思维、设计思维、互联网思维等。所有这些名称各异的思维，其形式不外乎发散和收敛。

（1）发散思维

发散思维是以研究的问题和对象作为出发点，出发之后便不加任何限制，尤其鼓励不走寻常路的幻想，如天马行空，让思维触角恣意伸展。在没有压力和干扰的状态下，感觉更加敏锐且具有弹性，最有可能产生灵感。在自由想象的状态下，人的大脑中知觉与幻觉、形象与概念、具象与抽象，随机反复出现，潜意识中的相似性作用，会把表面无关而具有内在逻辑联系的事物联结起来。

通常在项目的起始阶段，或是遇到难以突破的关键点时，需要采用发散思维。发散思维又称为：求异思维、幻想思维、辐射思维、放射思维、扩散思维等。

（2）收敛思维

收敛思维是从发散思维回归研究的问题和对象，以经验和知识为基础，运用逻辑分析和直觉思维梳理发散思维取得的阶段性成果，通过全局的统筹和规划，细节的分析、比较和验证，不断地去粗取精、去伪存真，从中筛选出有价值的思路或方案，并加以改造、整合和细化，从而得到最佳的解决方案，如图2-13所示。

从发散到收敛这一过程，对于复杂的项目可能需要重复多次。收敛思维又称为：集中思维、聚合思维、集合思维、辐集思维等。

在生活和工作实践中，人们都是动态地混合运用各种思维，分类的主要作用是方便分析、研究，以寻找思维的规律。找到规律后，形成理论，再运用理论指导实践，但运用不当反而会束缚人们的思维，所以古人云"尽信书，则不如无书"。

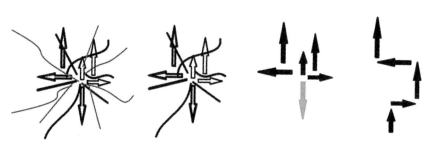

图2-13　发散思维与收敛思维

2.3 创意设计案例

知行合一才能发挥出知识的力量，体现出创意的价值。

设计创意是指与已有的设计相比，在某些方面有所创新的想法或思路。对功能、造型、材料与技术、人因等四个要素中的任何一项作出改进，都是了不起的创意。本节简介一件学生的创意设计作品——《贝贝小厨》（设计者：伦朝魁，指导老师：潘莉）。

2.3.1 设计构思

厨房已逐渐成为家庭交流、亲子沟通、子女教育的生活场所之一。在现代家庭中，儿童公平参与到厨房活动中正被越来越多的家庭所接受。烘焙，不仅是一种烹饪方式，更是一种解压、添加家庭生活乐趣和饮食健康的生活方式。在这项活动中，儿童对烘焙过程有着浓厚的兴趣，父母同时可以传达劳动意识以及培养孩子的动手能力，促进家庭间的情感交流。

研究发现，我国针对儿童参与厨房活动的研究和产品较少，现有的产品无法真正满足儿童参与的需求，缺乏关注流程当中的安全性、趣味性、人机、认知和五感发展等特性，阻断了儿童参与的机会和乐趣，减少了父母对孩子成长的关注。本产品着重于儿童参与烘焙活动的设计研究。通过前期桌面研究、用户调研以及市场调研三大部分的研究分析，挖掘出儿童参与烘焙活动过程的问题点、兴趣点进行设计。在调研中发现，儿童参与烘焙活动的痛点主要集中在打蛋分离、食材调配、过筛、搅拌以及添加配料等流程上。针对此流程中存在的问题，结合相关产品设计元素，提出解决方案——"贝贝小厨"，一套以动物形象为主的系列化儿童烘焙用具，满足整个烘焙流程中儿童的参与和操作需求，让父母在享受烹饪乐趣的同时，孩子也能更好地参与其中。在设计该产品时，以关注烘焙流程、儿童认知、五感发展、手部抓握和厨房教育等作为出发点，设计了包括四件（套）具有五种功能的辅助用具，帮助儿童在参与烘焙的过程中，兴趣点能够得到更好的发挥，五感能够得到更好的发展，让家长和孩子共同拥有一段快乐的下厨时光（图2-14）。

图2-14 创意儿童烘焙用具设计

"贝贝小厨"是从儿童的视角出发，采用卡通风格，来进行整体造型，以吸引儿童的注意力和兴趣。让产品注入娱乐性，儿童亦能够与产品进行玩乐、沟通，丰富儿童的内心世界。在材料和技术方面，该方案选用无毒无害绿色环保的不锈钢和塑料，满足家长对产品的安全性、易清洗以及实用性等需求。在人因方面，充分考究了儿童手部抓握等自身发展的特点，在模型的反复测试迭代中始终围绕着"以儿童为中心"的设计理念。

2.3.2　设计说明

（1）产品组成（图2-15）

"贝贝小厨"由四件系列产品组成：

大象滑梯——打蛋分离器。以大象为主要造型元素，通过滑滑梯的趣味方式巧妙解决蛋清分离问题，在使用过程中给儿童带来快乐。

童心母鸡——食材调配量勺。提取母鸡形象为主要造型元素，采取颜色圈带有刻度的方式，以满足食材称量的准确性。它是一种符合儿童认知、可操作性强的辅助称量器具。

背锅乌龟——烘焙搅拌盘。以乌龟为主要造型元素，呈现乌龟背锅的滑稽形象。产品由防滑底座、搅拌盆和面粉筛三种部件组合而成，主要解决烘焙过程中的面粉过筛和混合搅拌问题，具有防食材溢出、盆底防滑和防食材撒漏的特点。小朋友操作省力、方便，整合性强。

魔法长颈鹿——配料添加器。一个色彩斑斓的长颈鹿容器，成为儿童手中的一把魔法棒，通过儿童轻轻地挥洒，旋转切换，就可以把不同大小的美食配料点缀在蛋糕上。

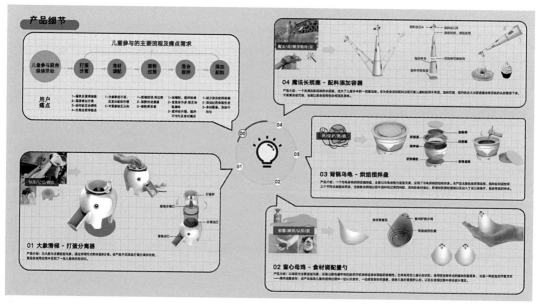

图2-15　产品组成

（2）产品特点说明（图2-16）

图2-16 产品特点说明图

（3）产品使用场景（图2-17）

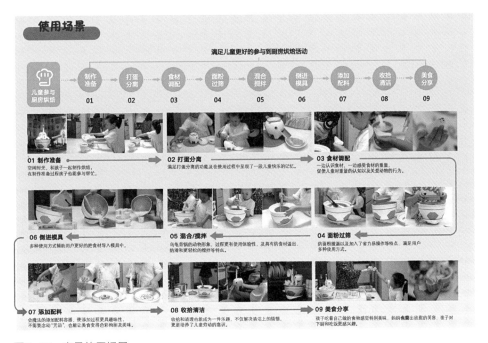

图2-17 产品使用场景

（4）产品效果图（图2-18）

图2-18　产品效果图

（5）产品爆炸图（图2-19）

图2-19　产品爆炸图

（6）产品视图（图2-20）

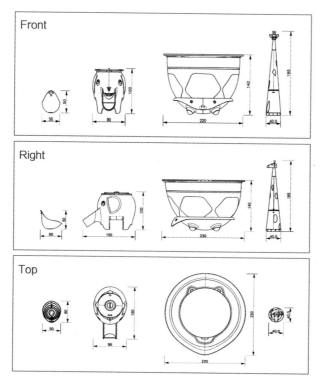

图2-20　产品视图

第 3 章

平面图形设计创意表达

"古者庖牺氏之王天下也，仰则观象于天，俯则观法于地，观鸟兽之文与地之宜，近取诸身，远取诸物，于是始作八卦，以通神明之德，以类万物之情。"（《易经·系辞下传》）远古的圣人"近取诸身，远取诸物"模仿自然的形态来设计原始的哲学体系。古老的文字、古老的生产工具和生活用品，大多也是模仿自然的产物。图形的出现，标志着人类文明的伟大进步。图形比实物抽象，因而可以用图形来自由的构思和表达人类创造的各种新物品。图形表达能力的基础是平面图形设计创意的表达。

3.1 意在笔先——手绘要领

3.1.1 手绘的意义

徒手绘制草图又称"速写"，是专业设计人员必须具备的基本功。

1. 表达设计创意

设计草图是概念设计中创造性思维的真实记录，体现了设计灵感和创意的发生和发展过程[21]。图3-1是意大利文艺复兴时期伟大的艺术家达·芬奇手绘的设计草图。

达·芬奇设计的飞行器，完全"不切实际"，远远超越了当时的科学技术水平，也超出了众人的想象力，却与现代的直升飞机的旋翼结构有几分相似。设计草图的主要作用恰恰是用来表达现实中还不存在的东西，

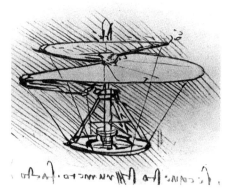

图3-1 达·芬奇的设计草图
来源：https://www.artisoo.com

而不是现有的实物。这张草图可能让达·芬奇同时代的人觉得不可思议，却让现代人感受到了达·芬奇神奇的创造力和天马行空般的想象力。

虽然计算机制图快速准确，也具备绘制草图的功能，已经成为设计师手中的利器。但计算机绘制的图形总缺少一些用纸和笔手绘草图的韵味。假以时日，随着计算机技术的进步，这一方面的不足也会得到改进。即使计算机绘图技术达到了完善的程度，手绘草图的方式也不会完全消失，因为手绘草图本身就让人，至少是一部分人，非常享受。

2. 捕捉设计创意

大脑处于轻松的状态，思维清晰敏捷，容易产生有创意的设计。因此，灵感的产生常常不期而遇。徒手绘图方便灵活，只需要纸和笔，不受场地、空间和设备的限制，非常有利于迅速捕捉住突然产生的设计灵感。1959年，汽车设计师亚力克·依斯哥尼（Alec Issigonis）在嘎纳海滨酒店的餐厅突发奇想，于是在一张餐巾纸上画了起来。这张画就是MINI汽车的第一张设计草图（图3-2）。

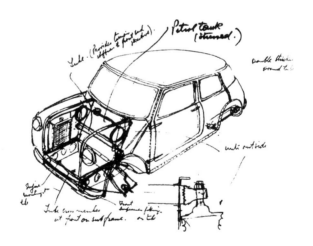

图3-2　亚力克·依斯哥尼《MINI汽车的第一张草图》
来源：Rob Golding.Mini:50 Years. Motorbooks International,
2007（04）.

设计师头脑中的构思以草图的方式呈现，草图呈现的形象又成为设计师的思维向纵深发展的基础，这一过程不断循环，直到得到一个满意的概念设计。然后，使用计算机按照制图规范绘制工程图样和效果图等。

3. 学习交流设计创意

徒手绘图是学习交流设计思想和设计创意的重要手段。

（1）交流设计创意

为了完善产品设计，并使设计思想能够顺利生产制造出来，设计师之间需要对设计方案进行交流讨论，设计师也需要和工程师、营销人员甚至消费者进行交流和研讨。当然，表达的方式是多种多样的，例如，用计算机软件制作的数字模型；以塑料、木材、玻璃钢、油泥为主材的实体模型；用喷笔、水粉、记号笔制作的精细效果图等。但是，最直接、最快捷的对话方式仍然是徒手绘图[22]。

（2）收集设计参考资料

使用摄影和摄像收集资料，方便快捷。影像资料生动直观，但缺少尺寸等关键数据，所以需要与其他的表现形式结合。相比规范的图样，草图更加灵活便捷。在绘制草图时，可以使用视图和剖视图表达物品的内外结构，使用拆卸画法或爆炸图的方式表达装配关系，通过标注尺寸来准确记录其形状大小，用文字记录物品的名称、材料等其他属性。因此，在工程实践中，手绘草图是现场测绘最常用的方式。手绘草图结合摄影和摄像就可以迅速、完整地收集资料，并且这样收集的资料既具有精确性，又具有直观性，非常便于人们理解和使用。

4. 训练设计思维能力

达·芬奇画蛋的故事人尽皆知。大量反复的徒手绘图练习可以训练图形思维能力和图形表达能力。在相同的时间内，徒手绘图可以比尺规作图画更多的图，因而可以做更多的练习。画大量的直观图和三视图，以进行"物体"与"图形"的相互转化，可以显著提高读图、识图和画图的能力[23]。

孔子说："学而不思则罔，思而不学则殆"。在学习设计的过程中，徒手绘图时手脑结合，可以加深对物体形状及构造方式的认识和理解，同时找出其优点和缺点，有哪些合理的设计，有哪些不合理的设计。吸收合理的设计，思考不合理设计的成因，避免犯类似的错误。学习和思考结合，将徒手绘图的过程中所进行的分析、产生的新构思记录下来，就形成了不断进步的阶梯。

3.1.2 手绘的要领和步骤

徒手绘图的基本要求是形体基本准确、线条明朗流畅、绘图速度快。

1. 目标导向——画直线

因为是手绘草图，所以和借助直尺画直线不同，草图中线的歪和扭是不可避免的，关键是把握住起点和终点的位置。开始练习时，可以先画出线的起始点和终点，然后从起始点下笔，眼睛盯着终点移动画笔，直至连结上两点。

2. 恒心定力——画平行线

一个产品无论怎样复杂，转化到画纸上就是直线和曲线。因此，在画草图之前，不妨先练习画基本的线条，比如作一些平行线、圆弧线、曲折线的练习（图3-3）。

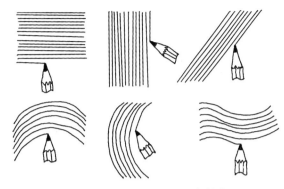

图3-3　线条的练习——胸有成竹，意在笔先

3. 向心力和离心力的平衡——画圆

（1）过四点徒手画圆

画中心线确定圆心，再根据半径大小，通过目测，在中心线上定出四点，然后过这四点画圆，如图3-4（a）所示。

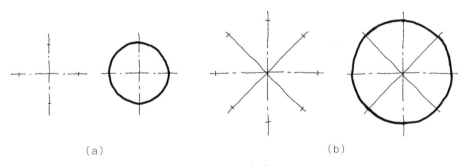

（a）　　　　　　　　　　　　　　（b）

图3-4　过四点徒手画圆（a）和过八点徒手画圆（b）

（2）过八点徒手画圆

当圆的直径较大时，可过圆心增画两条夹角为45°的斜线，在斜线上再画四个点，然后过这八点画圆，如图3-4（b）所示。

（3）画圆的要领

画圆时还需注意平衡向心力和离心力。假想有一条无形的绳子系着笔画圆，当向心力和离心力平衡时，笔沿切线方向运动，画出来的圆中规中矩。当向心力过大时，就会向内偏离方向；当离心力过大时，就会向外偏离方向，如图3-5所示。

（4）圆角的画法

圆角通常是四分之一个圆。画圆角的方法与过八点画圆类似。先画角的两条边线，在边线上确定圆角的起止点位置，并画点作标记。过标记点作边线的平行线相交得圆心。作对角线，并定出距离圆心等于半径的点，把这三点用圆弧连接起来，如图3-6所示。

（5）椭圆的画法

徒手画椭圆方法与过四点画圆类似。画出椭圆的外接四边形，然后分别用徒手方法作两钝角及两锐角的内切弧. 即得所需椭圆，如图3-7所示。

图3-5　向心力和离心力的平衡

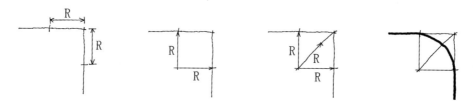

图3-6　徒手画圆角

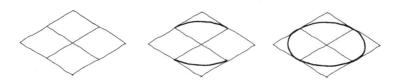

图3-7　徒手画椭圆

4. 方向和比例是关键——画轴测图

因为是手绘草图，只要线条的方向基本准确，整体比例基本协调，就能表达出设计意图。至于线条有点歪曲，不必过多在意;如图3-8所示的轴测图。

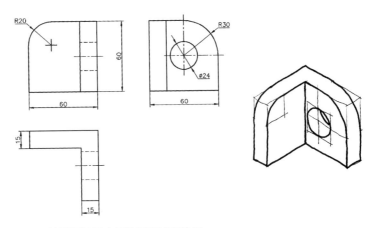

图3-8 轴测图的要点是体量和比例协调

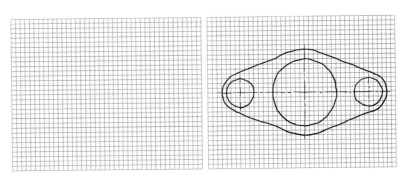

图3-9 在网格纸上作草图

5. 君子善假于物——网格纸上画草图

购买现成的网格纸（又称坐标纸），利用纸上印刷好的网格确定点的位置，以及线段的角度和长度等，以画出比较准确的草图，如图3-9所示。

6. 徒手绘制草图的步骤

徒手绘制草图的步骤如图3-10所示。

手绘草图的作图步骤如下：

（1）了解物体的形体关系，确定长、宽、高三个方向的基准，即主体形状的轴线、对称线或重要端面。

（2）画出中心线、轴线或重要端面等作图基准线。

（3）按比例徒手画出轴测图和正视图、俯视图、左视图。

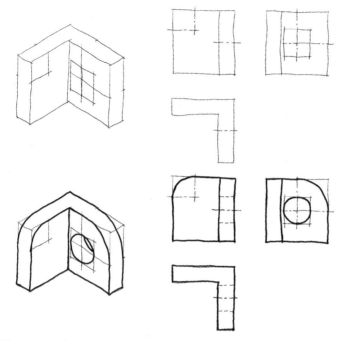

图3-10　手绘草图的作图步骤

3.2　规矩与方圆——尺规作图

3.2.1　几何作图方法

　　徐光启在《几何原本杂议》中写道："此书（指《几何原本》）为益，能令学理者祛其浮气，练其精心，学事者资其定法，发其巧思，故举世无一人不当学……能精此书者，无一事不可精，好学此书者，无一事不可学。"爱因斯坦说：《几何原本》所代表的逻辑推理方法和伽利略创造的科学实验，是世界近代科学产生和发展的基础。并且与徐光启不谋而合，认为学习几何能提高人的思维能力。本节着重进行解题思路和思维方法的剖析，以取到举一反三的效果。

1. 作已知两圆的外公切线

　　已知两圆，如图3-11（a）所示。采用逆向思维的方法，先假定外公切线已知，如图3-11（b）所示。即已知外公切线的端点，端点与圆心的连线与外公切线垂直。

　　求解这个问题的预备知识：（1）作已知直线的平行线；（2）作已知线段的中点，如图3-12（a）所示；（3）直径所对圆周角是直角，即泰勒斯定理，如图3-12（b）所示。

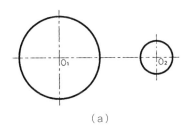
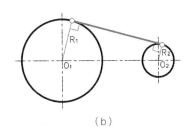

　　（a）　　　　　　　　　　　　　　　　（b）

图3-11　作已知两圆的外公切线

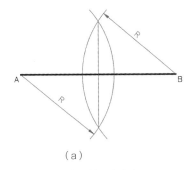
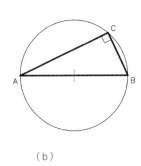

　　（a）　　　　　　　　　　　　　　　　（b）

图3-12　几何作图的预备知识

　　如图3-13所示，运用逆向思维的分析过程如下：

　　（1）作辅助线是几何作图中常用的方法，作公切线的平行线，得T点。如果能求得T点，便能求得切点，故问题转化为求T点；

　　（2）以O_1为圆心，R_1-R_2为半径作圆A，T点在A圆的圆周上；

　　（3）以线段O_1O_2为直径作圆B，T点在B圆的圆周上；

　　（4）T点既在A圆的圆周上，又在B圆的圆周上，所以A、B两圆的交点即为所求。从图中可知此题有两个解。

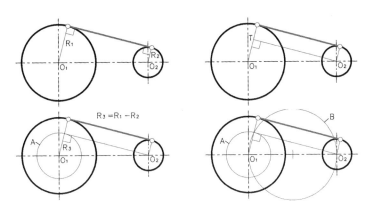

图3-13　作已知两圆外公切线的分析过程

根据分析结果可知作图步骤如图3-14所示：

（1）作两个辅助圆便可求得T点；

（2）连接O_1T并延长，可得圆O_1上的切点T_1；

（3）作O_1T的平行线，得圆O_2上的切点T_2；

（4）连接T_1T_2。

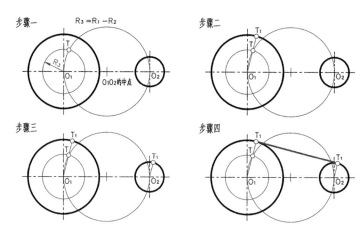

图3-14 作已知两圆外公切线的作图步骤

2. 作已知两圆的内公切线

求作已知两圆内公切线的思路和方法与前例类似。不同之处是：作公切线的平行线，得T点；T点在圆周之外。以O_1为圆心，需用R_1+R_2为半径作圆（图3-15）。

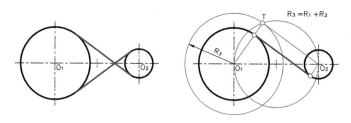

图3-15 作已知两圆的内公切线

3. 作圆弧连接已知两圆（外切）

运用逆向思维分析连接圆弧与已知圆弧之间的关系，便可求得作图方法和步骤，如图3-16所示。

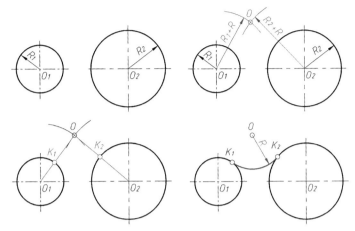

图3-16　作圆弧连接已知两圆（外切）

4. 作圆弧连接已知两圆（内切）

作图方法和步骤如图3-17所示。

5. 作圆弧连接已知两直线

作图方法和步骤如图3-18所示。

6. 作圆弧连接已知直线和圆

作图方法和步骤如图3-19所示。

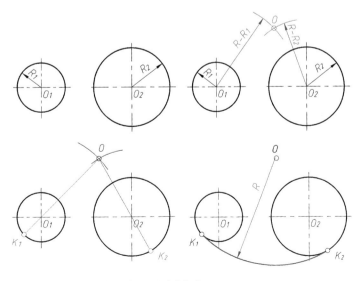

图3-17　作圆弧连接已知两圆（内切）

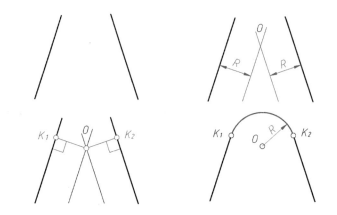

图3-18　作圆弧连接已知两直线

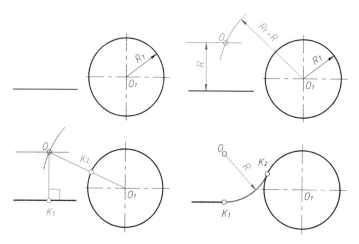

图3-19　作圆弧连接已知直线和圆

3.2.2　平面图形的尺寸标注

图形只表达物体的形状，物体的实际大小需要通过图上标注的尺寸来确定。工程
技术图样中尺寸的组成如图3-20所示。

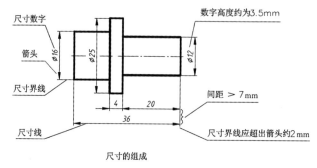

尺寸的组成

图3-20　尺寸的组成[24]

尺寸标注的基本规则：

（1）机件的真实大小应以图样上所注的尺寸数值为依据，与图形的大小及绘图的准确度无关。

（2）图样中（包括技术要求和其他说明）的尺寸，以毫米为单位时，不需标注计量单位的代号或名称，如采用其他单位，则必须注明相应的计量单位的代号或名称。

（3）图样中所标注的尺寸，为该图样所示机件的最后完工尺寸，否则应另加说明。

（4）机件的每一尺寸，一般只标注一次，并应标注在反映该结构最清晰的图形上。

平面图形的尺寸标注示例如图3-21。

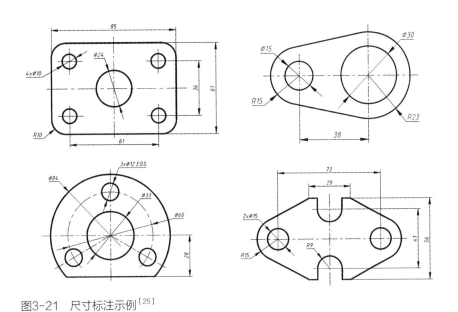

图3-21 尺寸标注示例[25]

3.3 计算机绘制平面图形

3.3.1 常用的计算机图形图像软件

简单地说，计算机图形图像软件是指安装在计算机中用于绘图、建模和处理图像的软件系统。

计算机图形通常是以矢量形式存储图形数据。所谓矢量形式是指用公式表示图形。例如用圆的公式表达图中的圆。计算机图像通常是以非矢量形式存储图像数据。例如用像素来保存图像中的信息。计算机建模是指创建计算机三维实体模型。实体模型通常是用矢量形式来存储信息。

常用的二维绘图软件有：CorelDRAW、Illustrator、AutoCAD等。

常用的图像处理软件有：Photoshop等。

常用的三维实体建模软件有：AutoCAD、3D Max、Solid works、Pro-E、CATEA等。

这些软件各有特点，比如AutoCAD既具有完善的二维绘图功能，又具有较强的三维实体建模功能。本节以AutoCAD为例，简介计算机二维绘图的功能和使用方法。

3.3.2 AutoCAD的用户界面和基本操作

1. 用户界面

AutoCAD用户界面上分布了绘制和编辑图形的区域、菜单栏、工具栏、命令行等。

2. 命令输入的方式

通常执行一个命令有三种常用方式，以绘制直线的命令LINE为例。

（1）单击『工具栏』的"直线"命令按钮。

（2）单击『下拉菜单』的命令选项"直线（L）"。

（3）在『命令行』输入命令名"LINE"，不区分大小写。

在实际操作中，通常使用第一种方式。

3. 画直线

单击『绘图』工具栏的『直线』命令按钮后，

输入0，100后，回车；

再输入200，100后，回车；

再输入100，200后，回车；

再输入0，100后，回车；

再回车。

命令执行完成后，所得结果如图3-22（a）所示。

单击『绘图』工具栏的『直线』命令按钮，

输入300，100后，回车；

再输入@100，0后，回车；

再输入@200＜120后，回车；

再输入C后，回车。

命令执行完成后，所得结果如图3-22（b）所示。

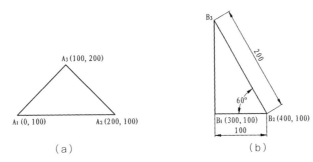

图3-22　等腰直角三角形与直角三角形

其中"@100，0"是相对笛卡尔坐标，即这条线段B_1B_2的起点到终点，X轴正方向增加100，Y轴正方向增加0。"@200＜120"是相对极坐标，即这条线段B_2B_3的起点到终点，距离为200，角度为120。输入选项"C"表示闭合正在画的多条线段，即从B_3点到B_1点画一条直线。

4. 坐标系统

在命令提示输入点时，输入指定点的坐标可以采用笛卡尔坐标（X，Y），也可以采用极坐标。无论使用笛卡尔坐标还是极坐标，均可以基于原点（0，0）输入绝对坐标，也可以基于当前点输入相对坐标。

（1）二维笛卡尔坐标

笛卡尔坐标系有三个轴，即X、Y和Z轴。绘制平面图形时是在X Y平面上指定点，因此只需输入X、Y坐标，系统默认Z坐标为0。

通常二维笛卡尔坐标系的X轴正方向向右，Y轴正方向向上。

如图3-23（a）所示，P_1点的坐标（50，100）是笛卡尔坐标。它是相对于坐标原点（0，0）的坐标值，是绝对坐标。

P_2点在P_1点的右方40，下方60，其绝对坐标为：90，40；相对于P_1点的相对坐标为：@40，-60。

符号"@"表示相对坐标。

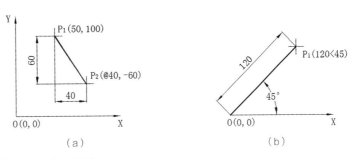

图3-23　点的坐标

不论是绝对坐标，还是相对坐标，坐标轴正方向，坐标值为正；坐标轴负方向，坐标值为负。

（2）二维极坐标

极坐标使用距离和角度来定位点。

在AutoCAD中，角度用小于号"＜"表示；极坐标的形式为：距离＜角度。

图3-23（b）中的P_1点，其极坐标值为：120＜45。

它表示P_1点到坐标原点O（0，0）的距离为120，坐标原点O与P_1点的连线与极轴（即笛卡尔坐标系的X轴）正方向的夹角为45°。

通常以与X轴相向的边为起始边，逆时针方向为正，顺时针方向为负。

与笛卡尔坐标一样，也可以在坐标前加上符号"@"表示相对坐标。

在相对极坐标中，距离是当前点到下一点的距离，角度是当前点到下一点的连线与X轴正方向的夹角。

在绘图设计中，究竟使用哪一种形式输入点的坐标，需要具体问题具体分析。基本原则是：第一准确，第二尽可能方便、快捷。

3.3.3　画圆命令的操作流程

执行AutoCAD的命令就是调用这个命令的函数（即程序）。图3-24是CIRCLE（圆）命令的流程图。

单击『绘图』工具栏的『圆』命令按钮，圆命令函数便开始执行。具体用哪种方式执行，是以"圆心、半径"还是以"圆周上三点"的方式来创建圆，是在CIRCLE（圆）命令执行过程中由用户输入相应的关键字来确定。

单击下拉菜单『绘图』→『圆』→『圆心、半径（R）』等选项，其作用同样是调用创建圆的函数。不同之处在于，子菜单中的选项已经确定了采用哪种方式创建圆。这也是多级下拉菜单的好处之一，它可以将一个命令的多种执行方式排列出来，由用户直接选择命令的执行方式，系统在调用创建圆的函数时就自动将相应的函数参数赋值。

例如，用户单击下拉菜单『绘图』→『圆』→『圆心、直径（D）』选项，系统就自动将实参"D"赋给CIRCLE（圆）命令函数。这样，用户便不再需要在『命令行』输入关键字"D"。

软件研发人员在设计程序时先要设计好程序的流程。像AutoCAD这种交互式CAD软件中的大部分绘图命令，用户的操作流程与软件开发人员设计的程序流程基本上是相同的。通过对CIRCLE（圆）命令的各种执行方式以及命令的流程进行详细的分析说明，可以大致了解交互式CAD软件命令的执行方式，取到举一反三的效果。

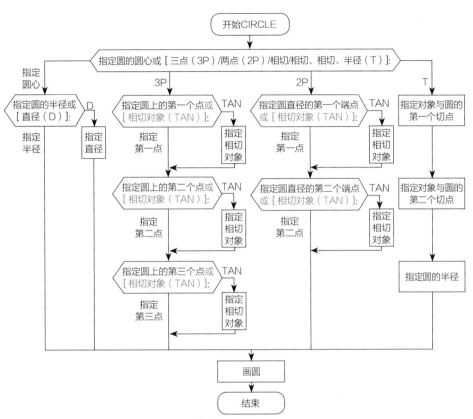

图3-24　圆（CIRCLE）命令的流程图[26]

3.3.4　平面设计中的理性之美

用尺规当作准绳，对设计草图进行规范化处理，调整线条的位置、间距、角度、弧度等，使图形显得更精致更具设计感。有许多经典的图案和字体是用尺规作图创作的，特别是图案，其中有许多直线与圆弧的光滑连接，有许多平行直线和同心圆。使用CAD软件，可以更加高效、精确地做出类似尺规作图的效果。本小节通过图示两个著名企业标志的辅助线，以展现几何作图的理性之美。

1. 中国银行的标志

给中国银行标志增添了作图辅助线后，图案中的圆弧连接方式清晰可见，如图3-25。

中国银行行标于1986年经中国银行总行批准正式使用。中国银行标志是由香港著名设计师靳埭强先生设计，采用了中国古钱与"中"字为基本形，古钱图形是圆与方的框线设计，中间方孔，上下加垂直线，成为"中"字形状，寓意天圆地

图3-25　添加了辅助线的中国银行标志

方，经济为本，给人的感觉是简洁、稳重、易识别，寓意深刻，颇具中国风格。[27]

2. 大众汽车的标志

大众汽车的标志以倾斜的平行线构成V和W两个字母，如图3-26。

大众汽车公司（德文Volks Wagenwerk），意为大众使用的汽车。标志中的V和W为全称中两个单词的首字母。标志又像是由三个用中指和食指做出的"V"形手势组成，表示大众公司及其产品必胜−必胜−必胜。[28]

图3-26　添加了辅助线的大众汽车标志

第 4 章

映射：设计图学的
数学基础

　　不同的专业领域，相同或相近的概念通常会使用不同的术语。光线被不透明物体遮挡而形成比较暗的区域，被称为影子。日常生活中经常看到各种各样的影子。有些影子，比如建筑物的影子，又称为阴影。与影子类似的概念，工程技术界称为投影，数学中称为射影。影子是一种光学现象，有明确的物理意义。射影是一个抽象的数学概念。投影处于两者之间，是一个工程学概念，也可以说是具象的数学概念。三者不能完全等同，却都可以用映射一词替代。

4.1　映射的数学方程及几何意义

4.1.1　映射——源于生活

　　唐朝诗人柳宗元在《小石潭记》中写道：水潭里的鱼大约有一百来条，好像在空中游动，什么依靠都没有。阳光直射水底，鱼的影子散落在水底的石头上（潭中鱼可百许头，皆若空游无所依，日光下澈，影布石上）。

　　产生影子必需具备三个基本要素：一是实物形体，二是投影线，即光线，三是投影面。影子落在墙壁上，墙壁就是投影面；落在地面上，地面就是投影面。这三个要素缺一不可，只要有一个发生变化，影子就会变化，甚至消失。

　　光线之间相互平行，比如阳光，称之为平行投影。光线由点光源发出，比如灯光、烛光，称之为中心投影。在平行投影中，投影线与投影面垂直的称为正投影，投影线与投影面倾斜的称为斜投影，如图4-1。

　　汉语词汇映射的意思是映照、照射。如果要说它们之间有什么不一样的地方，那就是映射更加有穿透力。瞿秋白《饿乡纪程二》中的措辞一定是反复推敲的结果。他写道："只是那垂死的家族制之苦痛，在几度回光返照的时候，映射在我心里，影响于我生活。"也只有"映射"能够突显瞿秋白深沉而微妙的情感。清代学者叶燮有言：

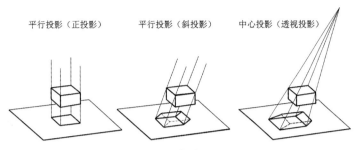

图4-1 正投影、斜投影与中心投影[29]

"画者形也，形依情则深；诗者情也，情附形则显"。映射是连接情与形的桥梁，用它来替代投影作为设计图学的基本概念相当合适。

在数学里，映射是个术语，又称为射影，指一个集合中的元素与另一个集合中的元素相互"对应"的关系。图4-2是集合A到集合B的映射示意图。

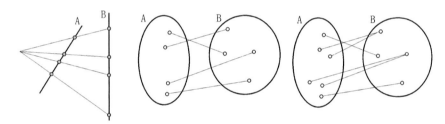

图4-2 集合A到集合B的映射

在文字处理系统中也有映射。例如将宋体字变成斜体，如图4-3所示。在几何学中，这种映射称为错切变换。

图4-3 文字的映射与几何图形的映射

如果将图4-4（a）理解为立体图，那么图形A与图形B形成透视关系。透视变换也是映射的一种。如果理解为平面图，则图形A与图形B是一大一小两个相似三角形，它们之间也形成一种映射，叫作比例变换。

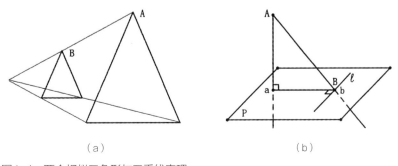

（a） （b）

图4-4 两个相似三角形与三垂线定理

立体几何中，过空间的一点A作平面P的垂线，垂足a是A点的射影，如图4-4（b）。因为点B在平面P上，所以点B的射影就是它本身，记为点b。线段ab是斜线AB在平面P的射影。此图所示为立体几何中非常重要的定理——三垂线定理，即平面内的一条直线L，如果与穿过这个平面的一条斜线AB在这个平面上的射影ab垂直，那么L也和斜线AB垂直。

反之也成立，即三垂线定理的逆定理。

三垂线定理的逆定理：如果平面内一条直线L与穿过该平面的一条斜线AB垂直，那么直线L也垂直于斜线AB在平面内的射影ab。

4.1.2 图形变换矩阵

在计算机图形学中，将图形的几何信息经过几何变换后产生新的图形，称为图形变换。线框图形的变换，通常是以点变换为基础，把图形的一系列顶点作几何变换后，连接新的顶点序列即可产生新的变换后的图形。对于用参数方程描述的图形，可以通过参数方程几何变换，实现对图形的变换。[30]

在实现图形变换时通常采用齐次坐标系来表示坐标值，这样可方便地用变换矩阵实现对图形的变换。所谓齐次坐标表示法就是用n+1维向量表示一个n维向量，例如二维空间中的点的位置向量（x，y）被表示为具有3个坐标分量的向量（x，y，h）。齐次坐标表示法一方面可以表达无穷远点。例如，n+1维中，h＝0的齐次坐标实际上表示了一个n维的无穷远点，另一方面它提供了用矩阵运算把二维、三维甚至高维空间中的一个点集从一个坐标系变换到另一个坐标系的有效方法。

基本几何变换研究物体坐标在直角坐标系统内的平移、旋转及变比的规律，按照坐标的维数不同，基本变换可分为二维几何变换和三维几何变换两大类。

1. 二维图形几何变换

由于二维图形是由点或直线段组成，其中直线可由其端点坐标定义，因此二维图形的几何变换可以归结为点或对直线端点的变换。

二维图形的几何变换可以用矩阵T_{2D}表示：

$$T_{2D} = \begin{bmatrix} a & d & g \\ b & e & h \\ c & f & i \end{bmatrix}$$

其中：

a、b、d、e控制图形的缩放、旋转、对称、错切等变换；

c、f控制图形的平移变换；

g、h控制图形的投影变换，g的作用是在x轴1/g处产生一个灭点，而h的作用是在y轴的1/h处产生一个灭点；

i控制图形的整体伸缩变换。

该矩阵为单位矩阵即定义二维空间中的直角坐标系。因此上述的平移变换、旋转变换、比例变换、错切变换等4种基本变换都可以表示为3×3的变换矩阵和齐次坐标相乘的形式。

（1）平移变换

$$(x'\ \ y'\ \ z') = (x\ \ y\ \ 1)\begin{bmatrix}1 & 0 & 0\\0 & 1 & 0\\t_x & t_y & 1\end{bmatrix} = (x+t_x\ \ \ y+t_y\ \ \ 1)$$

t_x、t_y分别表示x轴方向和y轴方向的平移距离，如图4-5（a）。

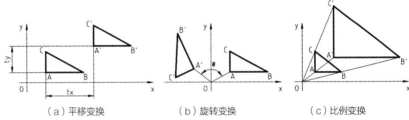

（a）平移变换　　　　（b）旋转变换　　　　（c）比例变换

图4-5　平移、旋转和比例变换

（2）以坐标原点为中心的旋转变换

$$(x'\ \ y'\ \ z') = (x\ \ y\ \ 1)\begin{bmatrix}\cos\theta & \sin\theta & 0\\-\sin\theta & \cos\theta & 0\\0 & 0 & 1\end{bmatrix} = (x\cos\theta - y\sin\alpha\ \ \ y\cos\theta + x\sin\alpha\ \ \ 1)$$

逆时针旋转时θ取正值，顺时针旋转时θ取负值，如图4-5（b）。

（3）以坐标原点为中心的比例变换

$$(x'\ \ y'\ \ z') = (x\ \ y\ \ 1)\begin{bmatrix}s_x & 0 & 0\\0 & s_x & 0\\0 & 0 & 1\end{bmatrix} = (xs_x\ \ \ ys_x\ \ \ 1)$$

s_x、s_y分别x轴和y轴方向的变换比例，如图4-5（c）。

当（s_x,s_y）取特定值时，图形可按x轴、y轴或坐标原点进行对称变换，如图4-6。

（4）错切变换

$$(x'\ \ y'\ \ z') = (x\ \ y\ \ 1)\begin{bmatrix}1 & d & 0\\b & 1 & 0\\0 & 0 & 1\end{bmatrix} = (x+by\ \ \ dx+y\ \ \ 1)$$

当d＝0时，图形的y坐标不变，x坐标沿水平方向平移，如图4-7（a）。

当b＝0时，图形的x坐标不变，y坐标沿垂直方向平移，如图4-7（b）。

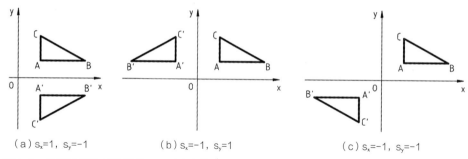

（a）$s_x=1$，$s_y=-1$ （b）$s_x=-1$，$s_y=1$ （c）$s_x=-1$，$s_y=-1$

图4-6　比例变换的特殊情况——对称变换

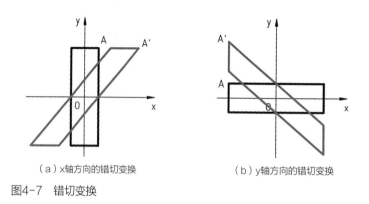

（a）x轴方向的错切变换　　　　　　（b）y轴方向的错切变换

图4-7　错切变换

数学中错切变换又称为仿射变换，图4-3所示的斜体字是仿射变换的一个实例。

一个比较复杂的变换要连续进行若干个基本变换才能完成。

例如以任意点K为旋转中心的旋转变换，就要通过3个基本变换才能完成，如图4-8所示。因为基本变换是以坐标原点为中心，所以需将三角形从任意点K平移到坐标原点，进行旋转变换，然后将变换后的三角形从坐标原点平移到K点。

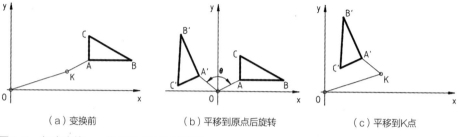

（a）变换前　　　　　　　（b）平移到原点后旋转　　　　　　（c）平移到K点

图4-8　复合变换——绕任意点的旋转变换

这些由基本变换构成的连续变换序列称为复合变换。

2. 三维图形几何变换

由于用齐次坐标表示，三维图形几何变换的矩阵是一个4阶方阵，其形式如下：

$$\begin{bmatrix} a_{11} & a_{12} & a_{13} & a_{14} \\ a_{21} & a_{22} & a_{23} & a_{24} \\ a_{31} & a_{32} & a_{33} & a_{34} \\ a_{41} & a_{42} & a_{43} & a_{44} \end{bmatrix}$$

其中 $\begin{bmatrix} a_{11} & a_{12} & a_{13} \\ a_{21} & a_{22} & a_{23} \\ a_{31} & a_{32} & a_{33} \end{bmatrix}$ 产生缩放、旋转、错切等变换；

$\begin{pmatrix} a_{41} & a_{42} & a_{43} \end{pmatrix}$ 产生平移变换；

$\begin{bmatrix} a_{14} \\ a_{24} \\ a_{34} \end{bmatrix}$ 产生投影变换；

(a_{44}) 产生整体的缩放变换。

（1）平移变换

$$\begin{pmatrix} x' & y' & z' & 1 \end{pmatrix} = \begin{pmatrix} x & y & z & 1 \end{pmatrix} \begin{bmatrix} 1 & 0 & 0 & 0 \\ 0 & 1 & 0 & 0 \\ 0 & 0 & 1 & 0 \\ t_x & t_y & t_z & 1 \end{bmatrix} = \begin{pmatrix} x+t_z & y+t_y & z+t_z & 1 \end{pmatrix}$$

t_x、t_y、t_z 分别表示 x 轴方向、y 轴方向和 z 轴方向的平移距离。

（2）绕任意点缩放的变换矩阵

绕任意点的缩放变换是由三个变换组合而成，变换矩阵如下：

$$\begin{bmatrix} 1 & 0 & 0 & 0 \\ 0 & 1 & 0 & 0 \\ 0 & 0 & 1 & 0 \\ -x_f & -y_f & -z_f & 1 \end{bmatrix} \begin{bmatrix} s_x & 0 & 0 & 0 \\ 0 & s_y & 0 & 0 \\ 0 & 0 & s_z & 0 \\ 0 & 0 & 0 & 1 \end{bmatrix} \begin{bmatrix} 1 & 0 & 0 & 0 \\ 0 & 1 & 0 & 0 \\ 0 & 0 & 1 & 0 \\ x_f & y_f & z_f & 1 \end{bmatrix} = \begin{bmatrix} s_x & 0 & 0 & 0 \\ 0 & s_y & 0 & 0 \\ 0 & 0 & s_z & 0 \\ (1-s_x)x_f & (1-s_y)y_f & (1-s_z)z_f & 1 \end{bmatrix}$$

如图4-9所示，将图形从F点平移到坐标原点，进行缩放变换，再将缩放变换后的图形从坐标原点反向平移到F点。

（3）透视变换

为了产生三维物体的透视线框图，首先要根据视点在用户坐标系中的位置和观察

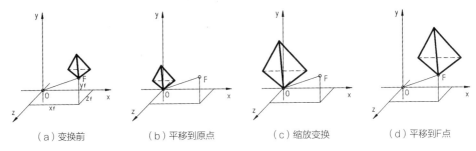

（a）变换前　　　　　（b）平移到原点　　　　　（c）缩放变换　　　　　（d）平移到F点

图4-9　复合变换——绕任意点的缩放变换

方向建立目坐标系，并对三维物体上的点通过观察
变换，用目坐标系表示，然后按已定义的比值D/S
所规定的观察范围进行裁剪坐标变换，剪去舍弃部
分，保留三维物体上的点，通过透视投影，使在观
察平面上产生相应的像点，然后根据绘图机和显示
器的设备坐标及指定显示区域，将这些像点转换为
屏幕坐标系上的显示像素，并在相应像素之间画线
连接，生成三维物体的透视线框图[31]。

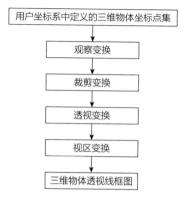

图4-10　三维透视变换及显示流程

　　整个变换过程，可用三维物体输出的流程图表
示，如图4-10。

3. 参数变换

　　前面所介绍的二维、三维图形的几何变换均是基于点的几何变换。对于可用参数
表示的曲线、曲面图形，若其几何变换仍然基于点，则计算工作量和存储空间都很大，
因此，对于可以用参数表示的曲线、曲面图形进行几何变换应该是基于参数方程。

　　笛卡尔（Descartes, 1596-1650）在数学方面最重要的贡献是将图形和数结合在
一起，创立了解析几何。恩格斯称解析几何是"数学的转折点，从此，人类进入变量
数学阶段。"

　　比如一个圆，欧几里得与笛卡尔关于圆的定义分别是：

　　欧几里得将圆定义为是被一条线（即曲线）所围的一个平面图形，从位于这个平
面中的一点——称为中心——出发到这条曲线的距离都相等。

　　笛卡尔定义圆是对于某个常数r，满足$(x-a)^2+(y-b)^2=r^2$的全部x与y，其中
（a，b）是圆心的坐标，r是圆的半径。在图形的参数设计中，给a、b和r赋予不同的值，
就可以得到各种位置和大小的圆。

　　即使对于那些不知道方程含义的人来说，笛卡尔的上述定义看起来也更简单。关
键还不在于方程的解释，而主要是笛卡尔用方程来定义圆的方法。在计算机图形学中，
如果要将一个圆进行各种几何变换，只需要对该圆的方程进行变换即可。

4.2　直观的表达

　　直观的表达是用接近于人的视觉效果的图形来表达物体。常用的方法有透视图和
轴测图。

4.2.1　线性透视法——简化的视觉模型

通常人们认为透视图（中心投影）与
人们感官的视觉效果是一致的，其实不然。
人的视觉效果中最明显的特征是近大远小，
但透视图只有纵深方向的近大远小，横向
没有近大远小的效果。

在图4-11中，A、B、C三条竖线与
画面的距离相等，根据线性透视法的原则，
它们在画面上的透视也是相等的三条竖线。
然而这三条线与视点的距离并不相等，也

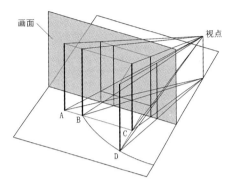

图4-11　研究线性透视的模型

就是说，与画面距离相等的物体，不论与视点的距离是否相等，它们的透视缩放比例
相等，也就是说，它们没有近大远小的效果。

图中的C、D两条竖线与画面距离不相等，与视点的距离也不相等，它们的透视缩
放比例不相等，也就是说，它们有近大远小的效果。

图中的B、D两条竖线与画面距离不相等，与视点的距离相等，它们的透视缩放的
比例不相等，也就是说，它们有近大远小的效果。

总之，在透视图中，"近大远小"的远近是相对于画面，而不是相对视点。

线性透视法中的画面相当于人眼的视网膜。如果视网膜是一个平面，并且每一个
部分对光线的敏感程度相同的话，那么透视图就与光线在人眼视网膜上的成像一致。
但人眼的视网膜不是平面，而是接近于球面。另一方面，虽然眼睛正视前方时，每只
眼睛的视野约向外95°、向内60°、向上60°、向下75°，但人眼敏感的视角只是
在标准视线每侧1°的范围内。所以当人注视着竖线A时，另外几条竖线即使在视界之
内，如果超出了视觉敏感范围，就看不清楚。为了看清楚其他几条竖线，就必需移动
视线，就如同转动相机拍照一样，拍出来的是不同角度的照片，如图4-12。

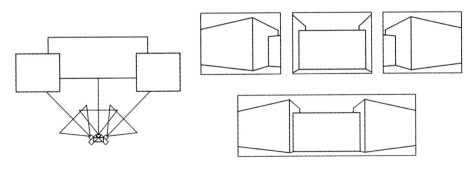

图4-12　转动相机拍摄照片

相机的位置不动，每转动很小的角度就拍摄一张照片，连续拍摄很多张，再经过适当的裁剪，按顺序把这些照片拼接起来，就能得到一张"全景照片"。拍摄的照片越多，拼接的效果就越好。人观看类似的场景时，因为眼睛能够看清楚的范围很小，当观看一条很长的直线时，视线必需沿着直线移动。人眼在转动扫视的过程中，看到的是许多条首尾相连的折线。当这些折线多到一定的程度，就成了"曲线"。"希腊人和罗马人已经认识到，直线，当用眼睛去观看时就是弯曲的。"[32]

尽管采用线性透视法描绘的图画与人眼的视觉效果不一致，却与人们的认知一致，因为人们通过视觉结合触觉以及测量，能够确切地认识到直线的存在。特别是当人们看了很多用线性透视法画的图画后，早已经习惯和接受了这种表达方式。

4.2.2 轴测图——沿轴向测量画出来的图

北宋学者沈括在《梦溪笔谈》中说："大都山水之法，盖以大观小，如人观假山耳。"意思是：一般画山水画的方法，都是把大景物当作小景物来看，就像人看假山一样。中国传统界画中，建筑物常用等角透视画法，即源自"以大观小"。等角透视的特点是景物中平行的直线，在画面中也是平行的直线。观看一米开外的火柴盒，火柴盒平行的棱边延伸后相交的透视感不明显。观看身边的建筑物，建筑物中平行的屋檐、窗框由近及远会有明显的收缩，也就是有近大远小的透视感。

除了物体的大小对透视感的强弱有影响，距离的远近也会对透视感的强弱产生影响。距离几百米远，观看一座三四层的楼房，感觉就像看火柴盒一样，如图4-13。

左边照片中的建筑物，距离拍摄者较近，有明显的透视感。右边照片中的建筑物

图4-13 距离对透视效果的影响
来源：李文方. 世界摄影史 1825-2002[M]. 哈尔滨：黑龙江人民出版社，2004.

距离拍摄者较远，同一建筑物上平行线几乎平行，也就是说，透视感不那么明显。在理论上讲，当距离无穷远时，物体表面平行的棱边投影到画面上是平行的直线。也就是说，等角透视（即轴测投影）是线性透视的特例。

西方在工业革命兴起后，工程图样通常采用两个或多个视图来表达。视图的优点是作图简便、度量性好，但缺点是直观性较差，非专业人员不容易理解。因此在使用和维护手册以及广告中的技术插图，仍然采用画家的风格来绘制。工程图样与技术插图的标准十分不同，前者必须定义设备的每一个部分，以便他们可以顺利地制造出来，而后者用于指导人们进行组装或拆卸，或是指导人们操作设备。

英国数学家、工程师法里什用数学的语言描述了轴测图的画法。他认为一个正交投影图（即轴测图）只不过是视点距离画面无限远的透视图，此时，锥形的视线成了平行线。图4-14是一个几何体的三视图和轴测图。

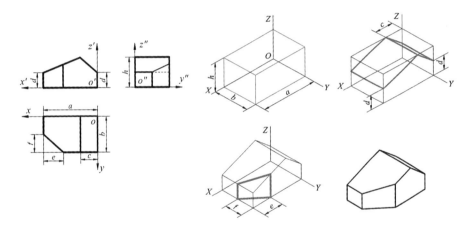

图4-14　几何体的三视图和轴测图

在解析几何中，空间直角坐标系的设置如图4-15（a）所示。绘制轴测图时，常常会调整空间直角坐标系中轴的位置和方向，有可能将坐标原点设置在底面的中心，如图4-15（b）所示；也有可能将坐标原点设置在底面的某一个角。但通常Z轴垂直向上，XOY面是水平面。坐标系可以采用左手法则，也可采用右手法则。在不加说明的

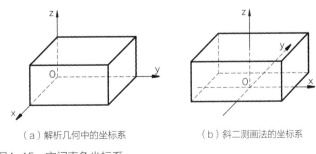

（a）解析几何中的坐标系　　　　　（b）斜二测画法的坐标系

图4-15　空间直角坐标系

情况下，采用的是右手法则。

　　绘制轴测图的关键是设置好坐标系，然后沿轴向测量绘图。

　　绘制斜二测时，X轴和Z轴的轴向变形系数等于1，Y轴的轴向变形系数等于0.5，如图4-16。

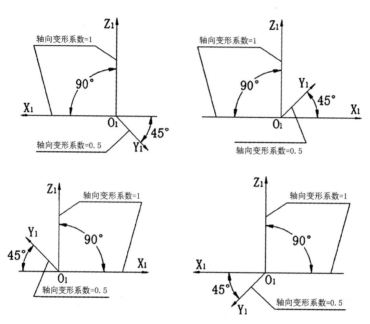

图4-16　斜二测的轴向变形系数

　　如图4-17所示，在实物（三视图）上建立一个直角坐标系，三个轴分别是X、Y、Z；在轴测投影面上建立一个轴测坐标系，三个轴分别是X_1、Y_1、Z_1。

　　实物上测量的X和Z坐标，在轴测投影面上沿X_1轴和Z_1轴方向按1比1测量定位；实物上测量的Y坐标，在轴测投影面上沿Y_1轴方向乘以0.5的系数测量定位。将所有关键的点一一对应确定好位置，然后按顺序绘制直线或曲线，并加粗可见线段。

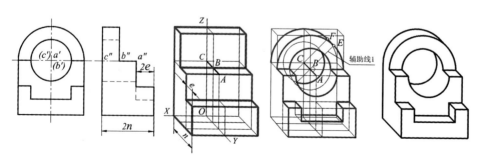

图4-17　斜二测画法示例

4.3 点、线、面的正投影

中国古代文献《易经·系辞下传》上说：神农氏"日中为市，致天下之货，交易而退，各得其所"。说的是神农氏发明了集市贸易，开市的时间定在正午。当时或许已经有了沙漏、日晷等计时器，但都不方便携带，很难约定时间，只有"日中"，也就是太阳照到头顶上的那个时候，是当时唯一不会产生歧义的开集时间，所以神农氏选择"日中为市"。

"日中"时，太阳光线垂直照射到地面，人的影子都积聚到脚下（准确的说，此时太阳光线与地面的夹角最大，产生的影子最短），与此相仿的投影法称为正投影。正投影最大的特点就是水平面上的正方形，画出来仍然是正方形；水平面上的圆形，画出来仍然是圆形；而铅垂面积聚成一条线，铅垂线积聚成一个点，就像正午时人的影子一样。

4.3.1 正投影基础

1607年，中国明代晚期的政治家、科学家徐光启与西洋传教士利玛窦合译了《几何原本》的前六卷。徐光启对逻辑严密的欧氏几何有非常深刻的认识，他在《几何原本杂议》中提出了著名的"三似三实"（或称"三似三能"）。他说：几何学看起来非常晦涩，实际上非常清晰，所以能利用它清晰的特性，使其他晦涩的事物变得清晰；它看起来非常繁琐，实际上非常简单，所以能利用它简单的特性，使其他繁琐的事物变得简单；它看起来非常困难，实际上非常容易，所以能利用它容易的特性，使其他困难的事物变得容易。（原文：（此书）有三至、三能：似至晦，实至明，故能以其明明他物之至晦；似至繁，实至简，故能以其简简他物之至繁；似至难，实至易，故能以其易易他物之至难。）

如果把徐光启的"三似三实"用在三视图上，也非常贴切（图4-18）。三视图看起来非常晦涩、繁琐、困难，实际上非常清晰、简单、容易，所以能利用它清晰、简单、容易的特性，使其他晦涩、繁琐、困难的设计变得清晰、简单、容易。事实上的确如此，复杂如三峡大坝、港珠澳大桥和航空母舰，简单如锅碗瓢盆，它们的设计图都是用各种视图来表达的。

画三视图和读三视图的两个基本要点：

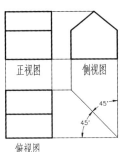

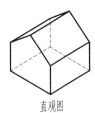

图4-18 三视图与直观图

（1）如果空间中的点∈线、点∈面、线∈面，则投影后仍然保持这种性质。

（2）点、线、面、立体的投影都具备"长对正，高平齐，宽相等"的性质。

俗话说：高楼万丈平地起。真正的高楼平地起不了，要挖很深的地基。点、线、面的投影就是投影法的基础。

4.3.2 点的投影

点是最基本的几何元素。直线、曲线、平面、曲面和各种立体都可以看成是点的集合（图4-19）。

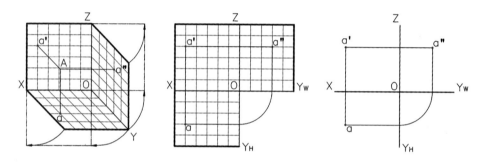

图4-19　点在三面投影体系中的投影

点A（5，3，4）的水平面、正面和侧面投影分别是a（5，3，0）、a'（5，0，4）、a"（0，3，4）。

"长对正"指a'与a对正，即a'a⊥X轴；

"高平齐"指a'与a"平齐，即a'a"⊥Z轴；

"宽相等"表面上指a、a"都是点，因为点没有大小，其宽度自然相等；本质上是指a与a"的Y坐标相等。

在画法几何学教材中，通常把正投影图简称为投影图。讲解点、线、面、简单立体的投影时，通常在图中画出投影轴，习惯称之为投影图。讲解立体的投影时，如果将投影轴省略不画，习惯称之为视图。投影图和视图本质上是相同的。

4.3.3 直线的投影

（1）投影面的垂直线

与水平投影面垂直的直线称为铅垂线，图4-20是铅垂线的投影。

铅垂线的投影特性：水平投影积聚成一点；正面投影和侧面投影与Z轴平行，且反映空间线段的实长（即空间线段的实际长度）。

实际上Z轴就是一条铅垂线。

在铅垂线的投影中，"长对正"指a'、b'与a（b）对正，即a'b'a（b）⊥X轴；"高平齐"指a'与a"，b'与b"平齐，即a'a"⊥Z轴，b'b"⊥Z轴；"宽相等"即a、b、a"、b"的Y坐标相等。

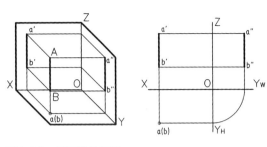

图4-20　铅垂线的投影

托勒密王曾经问欧几里得，除了《几何原本》之外，还有没有其他学习几何的捷径。欧几里得回答说："在几何里，没有专为国王铺设的大道。"

学习科学知识没有捷径，没有大道，但有要点，抓住了要点，把要点理解透了，就能做到纲举目张。学习三视图的要点就是"长对正，高平齐，宽相等"。在解释这个要点时，相关的专业书籍大多以几何体为例，实际上，点、线、面、立体的三视图都具有"长对正，高平齐，宽相等"的特性。

掌握了这个要点，许多疑难问题便迎刃而解。

与正投影面平行的直线称为正垂线，与侧投影面平行的直线称为侧垂线。它们都与铅垂线有类似的投影特性。孔子说：举一反三。通过与铅垂线比较，触类旁通，很容易归纳总结出正垂线、侧垂线的投影特性（图4-21）。

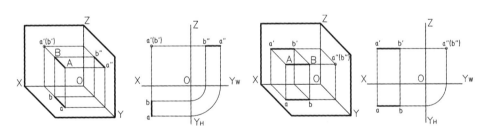

图4-21　正垂线和侧垂线的投影

（2）投影面的平行直线

与水平投影面平行的直线称为水平线，图4-22是水平线的投影。

水平线的投影特性：水平投影反映空间线段的实长，且反映线段与正投影面、侧投影面的夹角；正面投影平行X轴，侧面投影平行Y轴（另画出两个全等的三角形△ABC和△abc的实形）。

与正投影面平行的直线称为正平线，与侧投影面平行的直线称为侧平线。它们都与水平线有类似的投影特性（图4-23）。

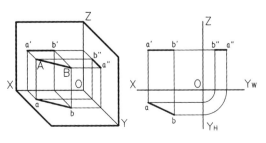

图4-22　水平线的投影

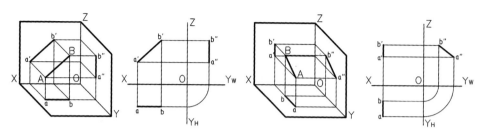

图4-23 正平线和侧平线的投影

（3）一般位置直线

一般位置直线与三个投影面都不平行，且都不垂直。三个投影面的投影都是比实际长度缩短的线段，且不反映空间线段与投影面的夹角。例如：水平投影ab线段的长度小于空间直线AB的实长，AB与正投影的夹角β小于ab与X轴的夹角θ，如图4-24。

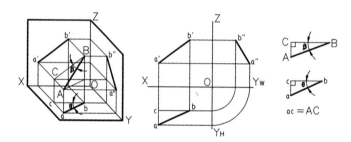

图4-24 一般位置直线的投影

4.3.4 平面的投影

（1）投影面的平行平面

与水平投影面平行的平面称为水平面（图4-25）。

水平面的投影特性：水平投影反映实形（水平投影与空间平面图形全等）；正面投影和侧面投影积聚成直线，且分别平行X轴和Y轴。

与正投影面平行的平面称为正平面，与侧投影面平行的平面称为侧平面。它们都

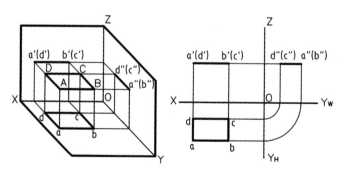

图4-25 水平面的投影

与水平面有类似的投影特性（图4-26）。

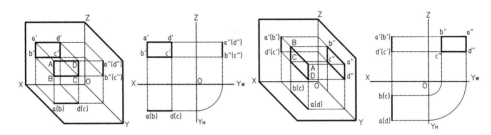

图4-26　正平面的投影和侧平面的投影

（2）投影面的垂直平面

与水平投影面垂直的平面称为铅垂面（图4-27）。

铅垂面的投影特性：水平投影积聚成直线，且反映空间平面与正投影面、侧投影面的夹角；正面投影和侧面投影是空间平面图形的类似形（即三

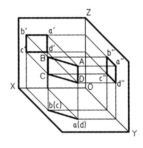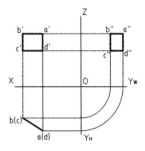

图4-27　铅垂面的投影

角形的投影是三角形，四边形的投影是四边形），且面积缩小。

与正投影面垂直的平面称为正垂面，与侧投影面垂直的平面称为侧垂面。它们都与铅垂面有类似的投影特性（图4-28）。

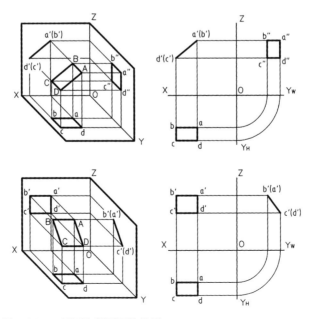

图4-28　正垂面和侧垂面的投影

（3）一般位置平面

一般位置平面与三个投影面倾斜的角度都大于0°且小于90°，在三个投影面的投影都是比实际图形面积缩小的类似形（图4-29）。

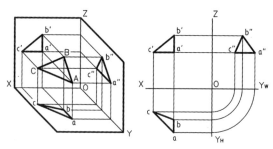

（4）一边垂直于投影面的直角的投影仍然是直角

图4-29　一般位置平面的投影

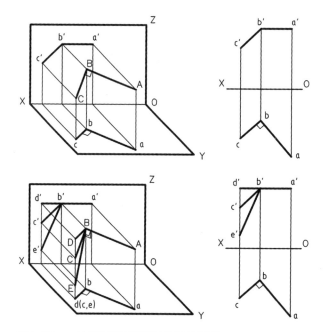

图4-30　一边垂直于投影面的直角的投影

∵直线AB是水平线，直线Bb是铅垂线

∴直线AB⊥直线Bb

∵直线AB⊥直线BC，直线AB⊥直线Bb，且直线BC∈平面BCcb，直线Bb∈平面BCcb

∴直线AB⊥平面BCcb

∵直线ab∥直线AB

∴直线ab⊥平面BCcb

∵直线cb∈平面BCcb

∴直线ab⊥直线cb

证毕（图4-30）。

第 5 章

立体的创建与表达

复杂的立体由简单的几何体组合而成，组合的方式主要有叠加和切割。用数学的语言来描述，叠加是集合运算中的并集，切割是差集或交集。集合运算也是计算机辅助设计中创建立体模型的基本方法。表达立体的基本方法是绘制立体的轮廓线，以及面与面的交线。

5.1 基本几何体

5.1.1 平面立体

平面立体是指立体的所有表面都是平面多边形。平面立体的投影本质上就是立体表面上点、棱线（直线）和多边形（平面）的投影。投影中可见的轮廓线用粗实线绘制，不可见的轮廓线用虚线绘制。当粗实线和虚线重叠时，绘制粗实线。辅助线都用细实线绘制。

（1）长方体

如图5-1所示的长方体共有6个面，2个水平面，2个正平面，2个侧平面。

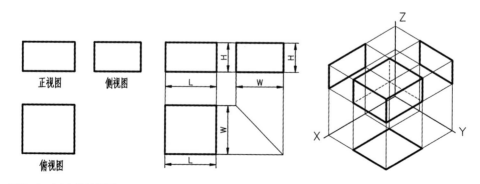

图5-1 长方体的投影

（2）五棱柱

如图5-2所示的平面立体共有7个面，1个水平面，2个正平面，2个侧平面，2个侧垂面。

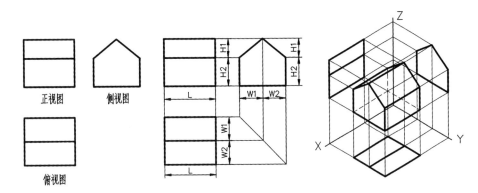

图5-2　五棱柱的投影

（3）切割后的长方体

如图5-3所示的平面立体共有7个面，2个水平面，2个正平面，2个侧平面，1个一般位置平面。

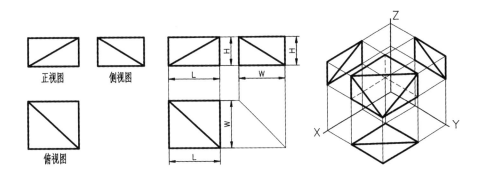

图5-3　切割后的长方体

投影中是直角的两条边，在空间不一定是直角。反之，在空间成直角的两条边，投影后也不一定是直角。

在轴测图和三视图中，投影轴可以画出来，也可以不画出来。通常画点、线、面的投影时，把投影轴画出来，便于研究投影关系和规律。画立体的投影时，通常不画投影轴。设计图、零件图、装配图和施工图等正式的工程图样中不画坐标轴，作图辅助线也不予保留。

（4）三棱锥

如图5-4所示三棱锥共有4个面，1个水平面，1个侧垂面，2个一般位置平面。

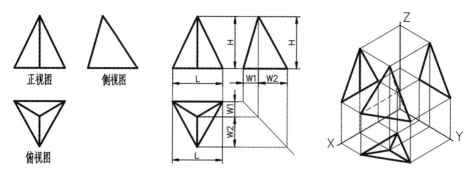

图5-4 三棱锥的投影

5.1.2 回转体

（1）圆柱

轴线为铅垂线的圆柱的投影如图5-5所示。

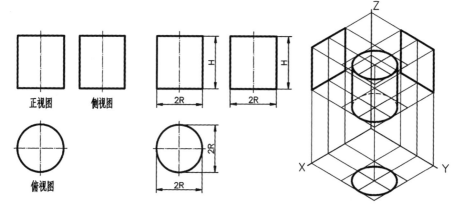

图5-5 圆柱的投影

平面与圆柱面的截交线分别是圆、椭圆和直线，如表5-1。

	平面与圆柱面的截交线		表5-1
截平面位置	垂直于轴线	倾斜于轴线	平行于轴线
立体图			

续表

截平面位置	垂直于轴线	倾斜于轴线	平行于轴线
投影图	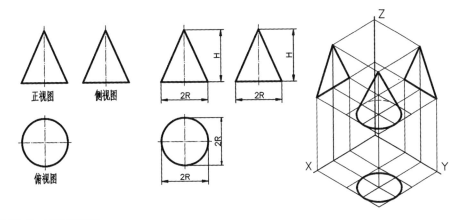		
截交线形状	圆	椭圆	矩形

（2）圆锥

轴线为铅垂线的圆锥的投影如图5-6所示。

图5-6　圆锥的投影

正视图　侧视图

俯视图

平面与圆锥面的截交线分别是圆、椭圆、抛物线、双曲线和直线，如表5-2。

平面与圆锥面的截交线　　　　表5-2

截平面位置	垂直于轴线	与所有素线相交	平行于一条素线	平行于两条素线	过锥顶
立体图					
投影图					
截交线形状	圆	椭圆	抛物线	双曲线	三角形

（3）圆球

圆球的投影如图5-7所示。

平面与圆球的截交线是圆。如果截平面通过球心，则截交线是大圆，即圆的直径等于圆球的直径。

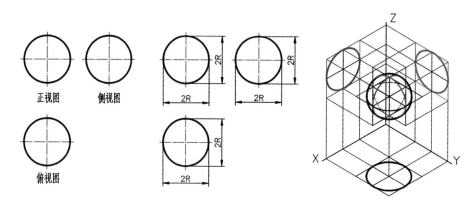

图5-7　圆球的投影

5.2　创建几何体的基本方法

计算机辅助设计软件提供了创建基本几何体的命令。例如，执行创建圆柱的命令，便可创建圆柱。有些软件必需先绘制草图，通过拉伸、旋转、扫掠和放样等操作才能创建立体模型。

5.2.1　拉伸

可以通过拉伸二维图形来创建三维实体。

拉伸的方向可以与原图形所在平面垂直，也可以倾斜。

将图5-8（a）所示的圆沿Z轴方向垂直拉伸，拉伸结果是图5-8（b）所示的圆柱。在执行拉伸命令中，可以设置拉伸的方向或倾斜角度。拉伸的方向与Z轴的方向成一定的角

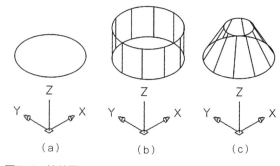

图5-8　拉伸圆

度，则拉伸出斜圆柱。倾斜角度大于0°，则拉伸出圆台。图5-9（c）所示的圆台是倾斜角度为30°时的拉伸结果。

还可以按指定路径拉伸。图5-9（a）所示的斜线与Z轴的方向成一定的角度。以该斜线为拉伸路径，拉伸结果为如图5-9（b）所示的斜圆柱。

拉伸的对象可以是圆、三角形或长方形等单一的对象，也可以是由多条首尾相连的线段（直线段和曲线段）。如果这些线段组合成一个闭合区域，则拉伸出一个实体，否则拉伸的结果是一个曲面。

图5-10（a）是多条首尾相连的线段组合成的图形，拉伸结果如图5-10（b）所示。

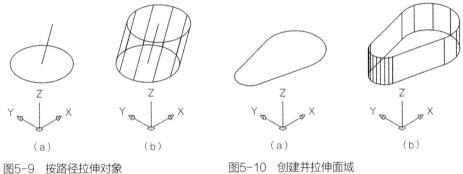

| （a） | （b） | （a） | （b） |

图5-9　按路径拉伸对象　　　　图5-10　创建并拉伸面域

5.2.2　旋转

二维图形绕直线旋转形成三维实体。

如图5-11（a）所示多边形，以P_1P_2为轴旋转270°，结果如图5-11（b）所示。

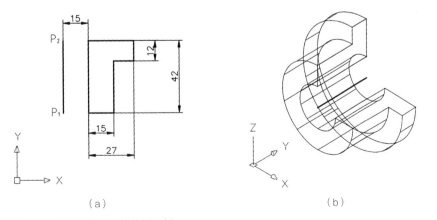

（a）　　　　　　　　　　　　（b）

图5-11　绕面域外一直线旋转面域

根据图5-12（a）所示尺寸的手柄平面图，修剪手柄的平面图，如图5-12（b）所示。

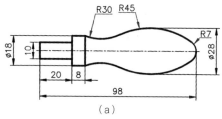

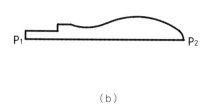

图5-12　手柄平面图和断面

以P_1P_2为旋转轴，生成手柄的三维实体模型，如图5-13所示。

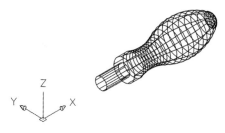

图5-13　手柄模型

5.2.3　放样

可以通过对包含两个或两个以上横截面进行放样来创建三维实体。

如图5-14（a）所示，以四边形和圆作为横截面，以圆弧为放样的路径，创造的立体如图5-14（b）所示。

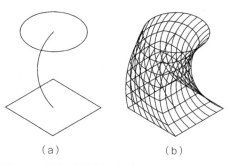

图5-14　通过放样创建立体

5.2.4　扫掠

通过沿路径扫掠二维图形来创建立体。

如图5-15（a）所示，以圆为扫掠对象，以螺旋线为扫掠的路径，创造的立体如图5-15（b）所示。

使用扫掠命令，可以通过沿开放或闭合的二维或三维路径扫掠开放或闭合的平面曲线（轮廓）创建新实体或曲面。可以沿指定的路径以指定轮廓的形状创建实体或曲面，还可以扫掠多个对象，

图5-15　通过扫掠创建立体

但是这些对象必须位于同一平面中。

5.2.5　加厚

通过加厚平面或曲面来创建立体。

如图5-16（a）所示的曲面，进
行加厚操作之后的效果如图5-16（b）
所示。

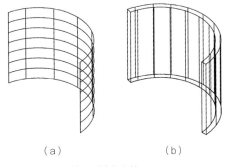

（a）　　　　　　（b）

图5-16　通过加厚创建立体

5.3　集合运算构成组合体

通过使用"并集"、"差集"和"交集"等操作创建组合体。

5.3.1　并集

并集是将选定的两个或多个面域或实体合并起来。

圆柱体A和圆柱体B是两个单独的实体，如图5-17（a）所示。将圆柱体B移动到
指定的位置，如图5-17（b）所示。

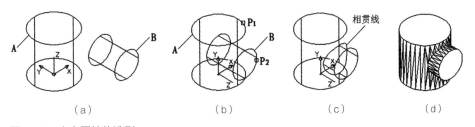

（a）　　　　　　（b）　　　　　　（c）　　　　　　（d）

图5-17　实心圆柱体造型

将圆柱A与圆柱B合并，即进行并集运算（A ∪ B），运算的结果如图5-17（c）
所示。两圆柱表面的交线，即工程制图中所说的"相贯线"。

图5-17（d）是消隐后的效果。

5.3.2　差集

差集是从一个或多个实体中减去另外的一个或多个实体。

Z1和Z2是两个单独的实体，如图5-18（a）。

将实体Z2从其顶端的圆心移至实体Z1顶端的圆心，如图5-18（b）所示。

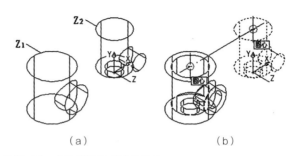

（a）　　　　　　　　（b）

Z2移动到指定位置后的消隐效果如图5-19（a）所示。

图5-18　实体移动的起点和终点

进行差集运算（Z1-Z2），生成组合体Z3。Z3的消隐效果如图5-19（b）所示。

改变观察角度，如图5-19（c）所示，可以观察到底部的小圆孔。

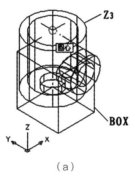

（a）　　　　　　（b）　　　　　　（c）

图5-19　圆柱组合体的差集运算

5.3.3　交集

交集是从两个或多个实体的交集中创建新实体。

求组合体Z3与长方体BOX的差集和交集，运算前如图5-20（a）、（b）所示。

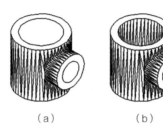

（a）　　　　　　　　　　　（b）

组合体Z3与长方体BOX的差集（Z3-BOX），消隐后的效果如图5-21（a）所示。

图5-20　组合体和长方体

长方体BOX与组合体Z3的差集（BOX-Z3），消隐后的效果如图5-21（b）所示。

组合体Z3与长方体BOX的交集，消隐后的效果如图5-21（c）所示。

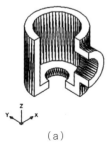
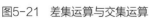

（a）　　　　　　　　　　（b）　　　　　　　　　（c）

图5-21　差集运算与交集运算

5.4 集合运算的拓展

5.4.1 圆角

在平面图形或三维实体创建圆角。

如图5-22（a）所示，对机件表面上P₁、P₂和P₃三个交线处加环形的圆角，效果如图5-22（b）所示。

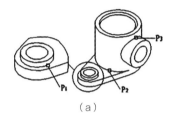

（a）　　　　　　　　（b）

图5-22　加法环形圆角

5.4.2 剖切

剖切是用平面剖切实体。剖切中可选择保留剖切面两侧的实体，也可只保留一侧的实体。

如图5-23所示，以A、B和C三点决定的平面为剖切面对机件进行剖切，效果如图5-23（c）所示。

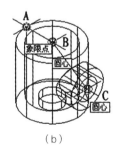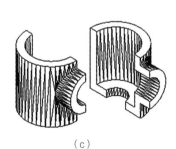

（a）　　　　　　　　　（b）　　　　　　　　　（c）

图5-23　剖切实体

5.4.3 剖面（断面）

剖面（断面）是剖切平面与实体的交集。

如图5-24（a）所示的实体，以A、B和C三点决定的平面为剖切平面，如图5-24（b）所示。

对机件进行剖切，创建水平剖面，效果如图5-24（c）所示。

将剖面移出实体，其形状如图5-24（d）所示。

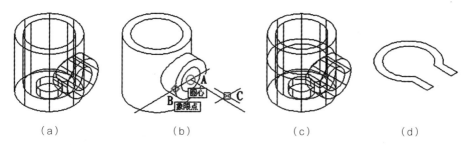

（a）　　　　　（b）　　　　　（c）　　　　　（d）

图5-24　圆柱组合体的水平截面

　　截面/切割是在指定的三维实体的指定位置生成一个与截面形状完全相同的面域，而不改变三维实体的形状结构和大小。这个面域所表示的图形在工程制图中称为"断面"。

5.4.4　抽壳

　　在实体上以指定的厚度创建一个空的薄层，并可以将指定的面排除在壳体外。

　　抽壳操作本质上是差集运算。对图5-25（a）所示的实体进行抽壳操作，指定B面排除在壳体外，消隐后的效果如图5-25（b）所示。

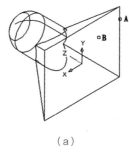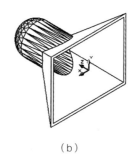

（a）　　　　　　　　（b）

图5-25　抽壳操作

5.5　常用的表达方法

　　在工程实际中，由于表达对象的形状和结构多种多样，为了把它们的形状准确、完整、清晰地表达出来，国家标准《技术制图》（简称：国标）中规定了各种表达方法。在绘制工程图样时，应选用国标中适当的表达方法，将机件的内部、外部形状和结构表达清楚。本节将介绍视图、剖视图和断面图等常用表达方法的画法。

5.5.1　视图

　　在图5-26中，四组三视图中的俯视图都是圆，图（c）和图（d）的俯视图和左视图都是圆。

图（a）表示的立体是圆柱，图（b）表示的立体是圆锥，图（c）表示的立体是圆球，图（d）表示的立体是两个直径相等轴线垂直相交的圆柱的交集，如图5-27所示。

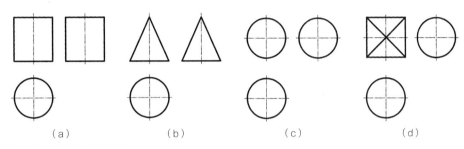

图5-26　几何体的三视图

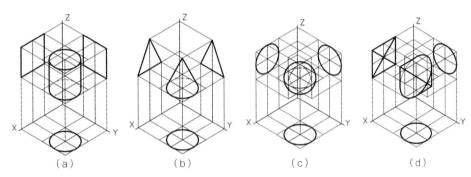

图5-27　几何体的投影

恩格斯说："从不同观点观察同一对象……殆已成为马克思的习惯。"看立体的视图也要养成这种习惯。如果只盯着一个视图看，是无法想象出立体的空间形状，甚至只看两个视图也不能作出准确的判断。

在机械制造、建筑等行业，工程图样是体现产品设计思想、指导产品生产、确保产品质量的关键要素。如何在图样中表达产品，工业界的专业人员不断探索和实践，政府相关部门也致力于促进工程制图的标准化，下面用不同年代有代表性的工程图样为例，介绍几种常用工程图表达方法的演变和发展。

在绘制工程图样时，视图的多少取决于所画对象的复杂程度。可供选择的基本视图有六个，除了前述的主视图、俯视图和左视图，还有右视图、仰视图和后视图，如图5-28所示。第三角投影与此类似，限于篇幅，本书不作介绍。

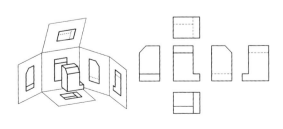

图5-28　第一角投影及展开后的六个基本视图

5.5.2 斜视图

有了计算机以后，已不再使用画法几何的方法来求解复杂的空间几何问题，而图解一些简单的空间几何问题，则有助于理解工程制图中的各种表达方法。例如求三角形的实形，如图5-29（a），△ABC的水平投影是一条直线，正面投影是三角形。如果作一个辅助投影面与△ABC平行，则△ABC在这个辅助投影面上的投影与△ABC全等，即反映实形。

这种作辅助投影面的方法可以运用到工程制图中。如图5-29（b）所示，将零件倾斜的部分向辅助投影面投影所得的视图，称为斜视图。斜视图仍是正投影。将已经在斜视图中表达清楚的部分从俯视图中省略掉，这种视图称为局部视图。此零件采用主视图、斜视图和局部视图来表达，比三视图的作图效率高，表达得也更清晰、明确。

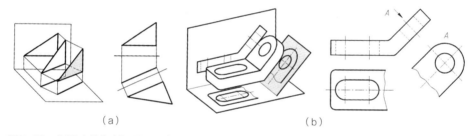

（a）　　　　　　　　　　　　　（b）

图5-29　投影变换与斜视图和局部视图

5.5.3 剖视图

对于内部结构比较复杂的物体（机械零部件和建筑物等），通常采用剖视的方法进行表达。假想用平面或曲面将要表达的物体剖开，将挡住视线的部分移去，原来不可见的内部结构便呈现在观察者眼前。采用剖视的方法得到的图形，称为剖视图。

用剖切面完全地剖开物体所得的剖视图，称为全剖视图。

图5-30（a）是一个零件的主视图和俯视图。

图5-30（b）是用一个平面剖切零件。

将零件的前半部分移去后，将零件的后半部分向V面投影，得剖视图，即全剖的主视图，如图5-30（c）所示。

半剖视图是当物体具有对称平面时，以对称中心线为界，一半画成视图，另一半画成剖视图的组合表达方法。

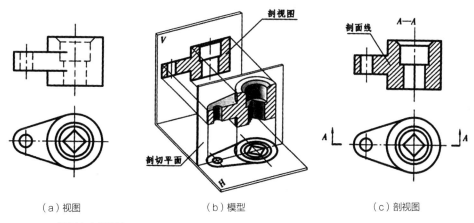

（a）视图   （b）模型   （c）剖视图

图5-30　视图与剖视图

　　局部剖视图是用剖切平面局部地剖开机件所得的视图。在图5-31中，主视图采用了半剖，左视图采用了全剖，俯视图采用了局部剖。

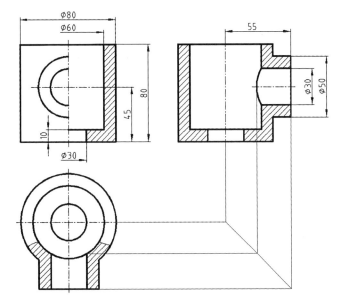

图5-31　采用三种剖视方法的三视图

5.5.4　断面图

　　假想用剖切面将物体的某处切断，仅画出该剖切面与物体接触部分的图形称作断面图。

　　断面与剖视主要区别在于：断面仅画出机件与剖切平面接触部分的图形；而剖视则除需要画出剖切平面与机件接触部分的图形外，还要画出其后的所有可见部分的图形。

　　断面根据画在图上的位置不同，可分为移出断面和重合断面两种。

（1）移出断面

画在视图之外的断面，称为移出断面，如图5-32所示。

特殊情况下，需画出与剖切面相关的结构，如图中的A-A断面图，即画出了圆孔与圆柱表面的相贯线。

（2）重合断面

画在视图之内的断面，称为重合断面，如图5-33所示。重合断面一般用于断面形状简单，不影响图形清晰的情况下。

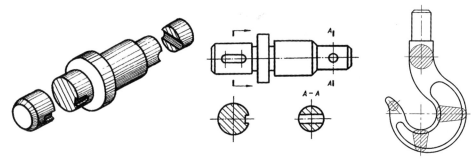

图5-32　移出断面   图5-33　重合断面

5.5.5　局部放大图

当所表达的对象中某些细部结构在视图上表达不清楚或不便标注尺寸时，可以用大于原图形所采用的比例把这些结构单独画出来，这种图形称为局部放大图。

局部放大图可以画成视图、剖视或断面图，它与被放大部分的表达形式无关。画图时，在原图上用细实线圆圈出被放大部分，尽量将局部放大图配置在

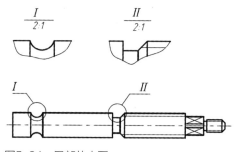

图5-34　局部放大图

被放大部分的附近，在放大图上方注明放大图的比例（图5-34）。

5.6　参数化造型

参数化造型设计是将模型中的有关信息设置为变量，变量用可变参数表示。赋予参数不同的数值，就可得到不同大小和形状的模型。

5.6.1　尺寸驱动设计

在CAD中的参数化模型表示了
零件图形的几何约束和工程约束。
几何约束包括结构约束和尺寸约束。
结构约束是指几何元素之间的约束
关系，如平行、垂直、相切、对称
等；尺寸约束则是通过尺寸标注表
示的约束，如距离尺寸、角度尺寸、
半径尺寸等。工程约束是指尺寸之
间的约束关系，通过定义尺寸变量
及它们之间在数值上和逻辑上的关
系来表示。

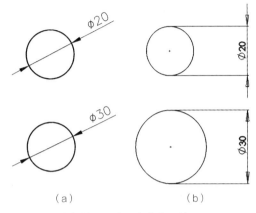

（a）　　　　　　　　　（b）

图5-35　非参数化设计和参数化设计

在非参数化设计中，模型或图形的大小与标注的尺寸没有关联，如图5-35（a）所示。

在进行参数化设计时，通常先画草图，然后输入尺寸，图形会根据尺寸的大小进
行调整，即所谓的尺寸驱动，如图5-35（b）所示。在创建草图阶段可以输入尺寸来
决定图形的大小和形状。通过拉伸或旋转生成实体模型之后，也可输入尺寸来调整模
型的大小和形状。

5.6.2　几何约束关系

在参数化设计中，还可以设定图形元素之间的几何关系，即几何约束关系。

例如，可以给两个圆建立相切、全等和同心等几何关系；给两直线之间建立平行、
垂直、等长、共线和共点等几何关系。图形元素还可以与基准面、基准轴、边线或顶
点之间建立几何约束关系。

5.6.3　方程式驱动尺寸

实体模型各结构要素之间具有一定的尺寸联系，这种尺寸联系可以用某种方程式
来描述。结构要素的尺寸名作为方程式的变数。

例如图5-36（a）所示的轴承盖，因为轴承孔的直径D是一个基本尺寸，它决定了
其他相关结构要素的尺寸，如轴承盖法兰直径D1、螺栓孔直径D2、数量N及其分布直
径D3等。所以，可以将轴承孔的直径作为方程式的自变量，其他参数、尺寸数值作为
因变量。

它们之间的尺寸关系如下列方程所示：

D1=int（D×1.42）

D2=int（D/10）+2

D3=（D+D1）/2

N= int（D/100）+3

轴承盖定位圆柱体的直径D作为自变量，通过方程式驱动其他结构的尺寸。当D修改后，其他尺寸也随之被修改，并通过重新建模来驱动实体模型的变化。

图5-36（b）是D等于240时，轴承盖的尺寸和形状。

当D修改为120，重建模型后，轴承盖的尺寸和形状如图5-36（c）所示。因为尺寸的变化，螺栓孔的数量也按设计意图由5个减少为4个。

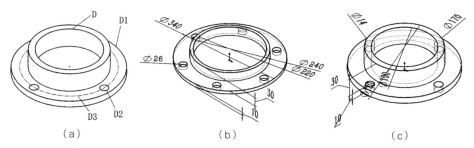

（a）　　　　　　　　　（b）　　　　　　　　　（c）

图5-36　实体的参数化设计[33]

5.6.4　测量

通过使用测量工具，设计人员可以测量草图、3D模型、装配体或工程图中直线、点、曲面、基准面的距离、角度、半径等尺寸的大小，也可以测量它们之间的距离、角度、半径或尺寸。当测量两点之间的距离时，两个点在X、Y、Z方向的距离差值会显示出来。当选择一个顶点或草图点时，系统会显示其X、Y、Z坐标值。

在测量距离时，程序将计算投影的距离（在选择的基准面上）及正交距离（与选择的基准面正交）。

除了查看实体模型的尺寸、面积、体积等几何数据，还可以查看实体模型的质量和重心等参数。

查看实体模型的质量和重心之前，需在材料属性中为实体模型选择材质和材料密度。

第 6 章

工程图样及相关的
国家标准

根据投影原理及国家相关技术标准规定表达工程对象的形状、大小以及技术要求的图，称为工程图样。在工程技术中，工程图样不仅是指导生产的重要技术文件，也是进行技术交流的重要工具，所以工程图样有"工程界的语言"之称。

6.1 标准件与常用件

6.1.1 螺纹及其规定画法

螺纹的用途非常广泛，从大型的工程机械到日常生活中所使用的电器、水管等，都大量地使用螺纹这一结构要素。在众多的使用场合中，多数螺纹起着紧固连接的作用，其次是用来传递力和运动。

人类使用螺纹的历史非常悠久，古希腊科学家阿基米德发现了螺旋原理，制造了螺旋抽水机。但是，考古研究发现古埃及人发明螺旋抽水机早于阿基米德。这些抽水设备用木头建造，被用来灌溉农田，或是排出船舱底的积水。意大利文艺复兴之后，螺纹的使用范围扩大到时钟和兵器等。达·芬奇的笔记本中记载了一些螺纹切削机床的设计。

从英国工业革命开始在机器上大量使用螺纹件到目前已有近200年的历史。由于螺纹具有结构简单、性能可靠、装拆方便、便于制造等特点，使之成为当今各种机械电子产品中不可缺少的结构要素。早期的工程图样，螺纹的表达方式就是它的真实投影，非常写实，如图6-1（A）和（B）。

由于螺纹的应用量大面广，且种类繁多，因此对互换性提出了较高的要求。为了降低成本、保证互换，多数情况下都实行专业化的大批量生产，这就需要对螺纹进行标准化。只有标准化才能使螺纹的各项功能得以保证。

在螺纹的设计、制造进行标准化的同时，对螺纹的表达方式也在不断修订，逐渐形成了一些规定画法。对螺纹连接件，如螺栓、螺钉和螺母等，有部分国家的标准化

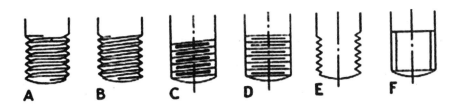

图6-1　螺纹画法的不断简化

来源：P.J. Booker. A history of engineering drawing[M]. London: Northgate, 1979.

管理机构和国际标准化组织制订了相关的标准，包括制图标准。图6-1（C）和（D）是美国20世纪早期的技术标准中规定的螺纹画法，螺纹的画法简化为象征性的符号。此后又作了修订，20世纪中期螺纹的标准画法如图6-1（E）和（F）所示。

　　我国也制订了相关的技术标准。螺纹及螺纹连接件主要采用比例画法和简化画法来表达。因为各种螺纹的画法相同，所以必须用螺纹的标记代号和标记区分不同种类和规格的螺纹，并表达螺纹的各项技术要求。

　　为了方便表述螺纹的基本概念，图6-2和图6-3中的螺纹采用了真实的投影，这种画法起到示意的作用，并不符合国家标准的规定。正确的画法在图6-4～图6-6。

　　螺纹指的是在圆柱或圆锥体表面上加工出的螺旋线形的、具有特定截面的连续凸起部分。在圆柱体表面上加工的称为圆柱螺纹，在圆锥体表面上加工的称为圆锥螺纹。

　　加工在外表面的称为外螺纹，加工在内表面的称为内螺纹，如图6-2所示。

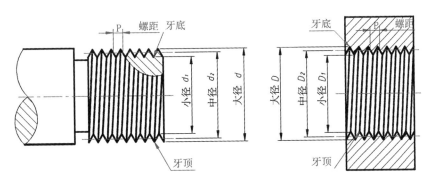

图6-2　螺纹的基本要素

　　螺纹的基本要素有：牙型、螺纹的大径、线数、导程和螺距、旋向等。

　　与外螺纹牙顶或内螺纹牙底相重合的假想圆柱体直径称为螺纹的大径，螺纹的大径即螺纹的公称直径。

　　有一条螺旋槽的称为单线螺纹。有两条螺旋槽的称为双线螺纹。螺纹上相邻两螺旋槽之间的轴向距离，称为螺距。沿同一条螺旋槽旋转一周所前进的轴向距离，称为导程，如图6-3所示。

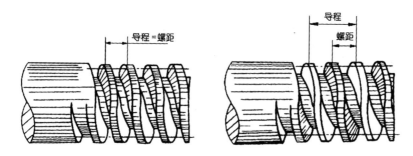

图6-3　螺纹的线数、导程和螺距

　　螺纹按旋进的方向不同，可分为右旋螺纹和左旋螺纹。按顺时针方向旋进的螺纹，称为右旋螺纹；按逆时针方向旋进的螺纹，称为左旋螺纹。右旋螺纹最为常用。

　　国家标准中螺纹的规定画法如图6-4所示。外螺纹的牙顶（大径）及螺纹终止线用粗实线表示；牙底（小径）用细实线表示，并画进倒角部位；左视图中，表示牙底圆（小径）的细实线只画约3/4圈。内螺纹的牙顶（小径）及螺纹终止线用粗实线表示；牙底（大径）用细实线表示；在左视图中，表示牙底圆（大径）的细实线只画约3/4圈。

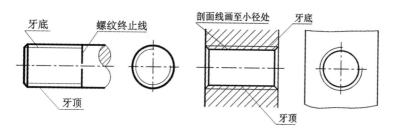

图6-4　外螺纹和内螺纹的画法

　　螺纹连接的规定画法：剖视图中表示螺纹连接时，其旋合部分应按外螺纹的画法表示，非旋合部分仍按各自的画法表示，如图6-5所示。

　　普通螺纹的标注格式为：

　　特征代号　公称直径×螺距（单线时）旋向　导程（P螺距）（多线时）

　　管螺纹的标注格式为：

　　特征代号+尺寸代号+旋向

　　其中：右旋螺纹用"RH"表示，可省略不注；左旋螺纹用"LH"表示。

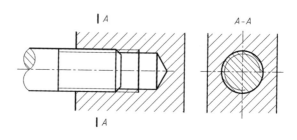

图6-5　内外螺纹连接的画法

图6-6所示的螺纹标注意义为：粗牙普通，螺纹公称直径为12mm，单线，右旋，中顶径公差带代号为6G。

因为M12的粗牙普通螺纹只有一种规格，对应的螺距是唯一的，可以通过查表确定，所以无需标注螺距。如果是M12的细牙普通螺纹，因为对应的螺距不唯一，所以必需标注螺距。

公差代号是由基本偏差代号与公差等级构成，用来表示所标注位置结构加工所应达到的技术要求，以满足经济性和互换性要求。本例中螺纹的基本偏差代号为G，公差等级为6级。

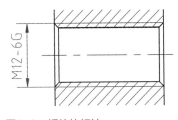

图6-6 螺纹的标注

6.1.2 齿轮及其规定画法

齿轮是指轮缘上有齿轮连续啮合传递运动和动力的机械元件。图6-7是三种常见的齿轮传动形式。

在工程制图中，齿轮的轮齿部分作图繁琐。为提高制图效率，许多国家都制订了齿轮

图6-7 三种常见的齿轮传动形式的实物图

轮齿部分的画法标准，国际上也制订有ISO标准。在绘制齿轮的轮齿部分时，已不再采用实物投影方法，而是采用规定画法。这样做，一方面可以确保看图的人能快速、准确的理解图纸，另一方面也提高了设计和绘图的工作效率。

图6-8（a）是齿轮的实物图。图6-8（b）是按规定画法绘制的剖视图和视图。

工程制图国家标准规定：

（1）齿顶圆和齿顶线用粗实线绘制。

（2）分度圆和分度线用点划线绘制。

（3）齿根圆和齿根线用细实线绘制，或省略不画；在剖视图中，齿根线用粗实线绘制。

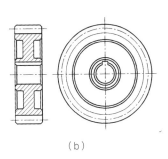

（a）　　　　　　　（b）

图6-8 齿轮的实物图和规定画法

6.2 零件图

零件图是表达单个零件形状、大小和特征的图样，也是在制造和检验机器零件时所用的图样，又称零件工作图。在生产过程中，根据零件图样和图样的技术要求进行生产准备、加工制造及检验。因此，它是指导零件生产的重要技术文件。

6.2.1 零件图的基本内容

为了满足生产需要，一张完整的零件图应包括下列基本内容：一组视图、完整的尺寸、标题栏和技术要求。图6-9是一张齿轮的零件图。

（1）一组视图

绘制零件图要综合运用视图、剖视、剖面及其他规定和简化画法，选择能把零件的内、外结构形状表达清楚的一组视图。

（2）完整的尺寸

虽然图样中的一组视图已经清楚地表达形体的形状和各部分的相互关系，但还必须注上足够的尺寸，才能明确形体的实际大小和各部分的相对位置。

（3）标题栏

标题栏的位置在图纸的右下角。需在标题栏中写清楚零件的名称、材料、数量、

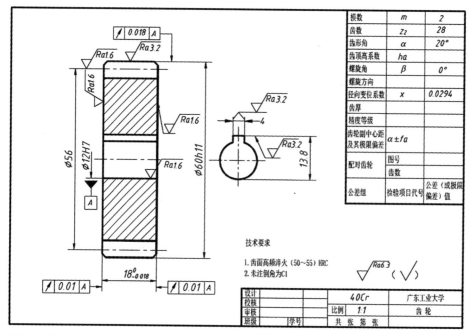

图6-9 齿轮的零件图

日期、图纸的编号、比例以及设计和审核人员签字等。

（4）技术要求

用一些规定的符号、数字、字母和文字注解，简明、准确地给出零件在使用、制造和检验时应达到的技术要求（包括表面粗糙度、尺寸公差、形状和位置公差、表面处理和材料处理等要求）。

6.2.2　零件常见的工艺结构及其表达

零件本身的结构，对加工质量、生产效率和经济效益有着重要影响。设计零件结构时，不仅要考虑满足功能要求和使用要求，还要考虑是否便于制造，也就是要考虑零件结构的工艺性。

零件结构的工艺性好，是指零件在满足功能要求和使用要求的前提下能较经济、高效、合格地加工出来。零件结构工艺性的好坏是相对的，随着科技的发展和制造能力的提升而变化[34]。

零件常见的工艺结构有：

（1）起模斜度

拔模斜度即脱模斜度。使用铸造工艺制造零件毛坯时，为了让铸件的样模从砂型中顺利取出，一般沿起模方向设计约1∶20的斜度，如图6-10所示。

（2）铸造圆角

铸造零件各表面相交的转角处应设计成圆角。因为圆角有利于成形，能避免应力集中而造成开裂。如果铸造零件的某个表面需要进行机械加工，则该加工面上的铸造圆角被切削掉，故该加工面与其他表面相交处为尖角，如图6-11所示。

（3）过渡线

铸造零件上的圆角连接处，因为是光滑连接，实际上没有交线。如果该处没有圆角，则两表面相交处有交线。在工程图样中，国家标准规定，圆角连接处要用细实线

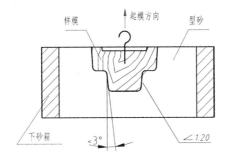

图6-10　起模斜度

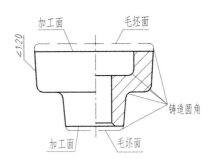

图6-11　铸造圆角

画一条"交线"，且只画到理论上的交点处；如果不可见则画成虚线，如图6-12所示。

（4）铸件壁厚

铸造零件的壁厚应尽量做到均匀，以避免铸件冷却时产生裂纹和缩孔。当必须采用不同的壁厚时，应采用逐渐过渡的方式，如图6-13所示。

（5）倒角和倒圆

为了便于装配和操作安全，在轴和孔的端部通常加工成圆台形结构，即倒角。为了避免应力集中，通常在轴肩处加工成圆角过渡，即倒圆，如图6-14所示。

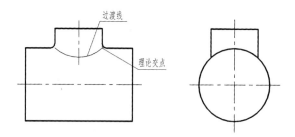

图6-12　过渡线

图6-13　铸件壁厚

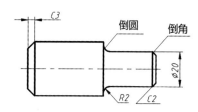

图6-14　倒角和倒圆

（6）退刀槽

用车床车削内孔或螺纹时，为便于退出刀具并将工序加工到毛坯底部，常在待加工面末端，预先制出退刀的空槽，称为退刀槽。如果是车削螺纹，则该处的退刀槽称为螺纹退刀槽，如图6-15所示。

（7）砂轮越程槽

为了便于砂轮能够完整加工整个表面，通常在加工面的末端加工出一个槽，这个槽称为砂轮越程槽，其作用和结构与退刀槽类似，如图6-16所示。

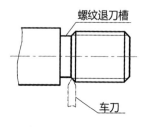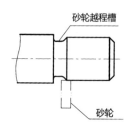

图6-15　螺纹退刀槽　　　　图6-16　砂轮越程槽

（8）钻孔结构

在加工盲孔时，会在孔的底部形成一个接近120°的圆锥，这是钻头头部的结构形成的，钻孔深度指圆柱部分的深度；加工阶梯孔时，也会形成一个接近120°的锥面，如图6-17所示。

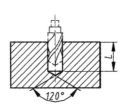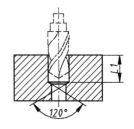

图6-17　盲孔和阶梯孔的结构

（9）凸台与凹坑

铸造件的表面通常比较粗糙，为了保证装配时零件表面之间接触良好，在铸件表面与其他零件接触处设计凸台或凹坑，只进行局部的铣削加工，既可保证接触良好，又可减少加工面积，降低加工成本，如图6-18所示。

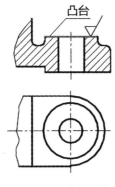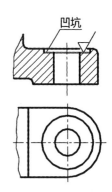

图6-18　凸台与凹坑

6.2.3　非参数化CAD软件生成零件图

非参数化CAD软件通常是使用二维绘图命令绘制零件图，然后标注尺寸。也可以创建三维实体模型后，由三维实体模型生成各种视图，包括轴测图、局部视图、全剖视图和斜视图等，然后在生成的视图上标注尺寸。

图6-19（a）是一个零件的实体模型。设置投影方向，生成该零件的轴测图，关闭"不可见轮廓线"图层的效果如图6-19（b）所示。

在布局界面上设置三个不同的视图，分别是主视图、俯视图和斜视图，生成相应的视图，如图6-20所示。

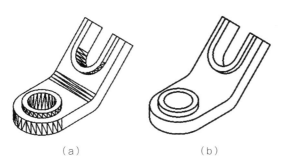

（a）　　　　　　　（b）

图6-19　零件的实体模型和轴测图

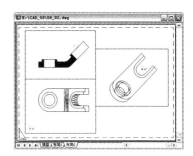

图6-20　零件的多个视图

对系统生成的视图进行修剪和
旋转，可得相应的局部视图和斜视
图，如图6-21所示。

使用尺寸标注工具在视图上标
注尺寸，如图6-22所示。

需要说明一点，在非参数化
CAD软件中生成的各种视图是实体
模型投影后生成的线框图，这些线
框图与实体模型没有数据关联。实
体模型的尺寸修改后，线框图的尺

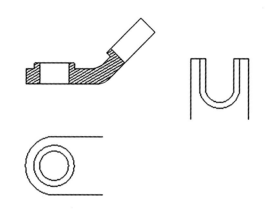

图6-21 修剪和旋转后的零件视图

寸不会随之改变；同理，线框图的尺寸修改后，实体模型的尺寸也不会修改。

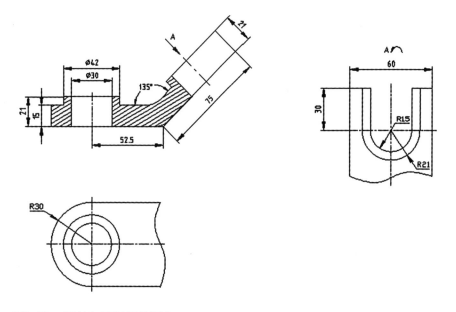

图6-22 标注尺寸后的零件视图

6.2.4 参数化CAD软件生成零件图

参数化设计CAD软件中，三维实体模型和工程图是关联起来的，可以生成标准的
三视图，如图6-23所示。

根据表达的需要，实体模型也可以生成其他类型的视图，如局部视图、斜视图和
剖视图。

在参数化设计CAD软件，可以通过修改尺寸标注来修改三维实体模型。同样，三维实体模型修改了以后，相应的工程图、装配图的图样和尺寸标注也会自动的修改，这大大地提高了新产品的设计和优化过程的工作效率。但系统自动标注的尺寸一般不能完全符合实际工程图表达的要求，或者标注的形式不完全符合国家标准或行业标准，需要人工进行调整。[35]

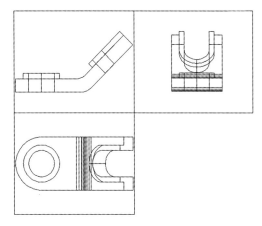

图6-23　标准的三视图

6.3　装配图和爆炸图

把各种零、部件组合在一起形成一个完整装配体的过程叫作装配[36]。装配图是表达机器或部件的图样，主要表达其工作原理和装配关系。

6.3.1　装配图

装配图的主要内容有：一组视图、必要的尺寸、技术要求、零件和部件序号、标题栏和明细栏等（图6-24）。

（1）一组视图

视图用来正确、完整、清晰地表达产品或部件的工作原理、各组成零件间的相互位置和装配关系及主要零件的结构形状。

（2）必要的尺寸

装配图中只需要标注出反映产品或部件的规格、外形、装配、安装所需的必要尺寸和一些重要尺寸。

（3）技术要求

技术要求是指在装配图中用文字或国家标准规定的符号注写出该装配体在装配、检验、使用等方面的要求。

（4）零件和部件序号

按国家标准规定的格式将零、部件进行编号。

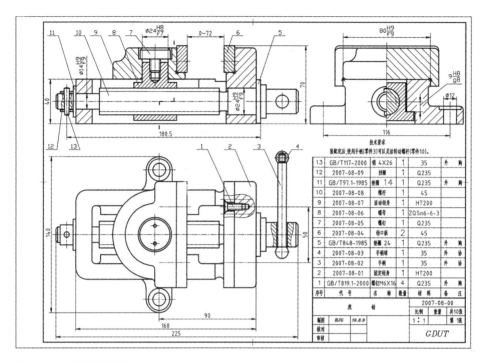

图6-24　虎钳的装配图

（5）标题栏和明细栏

按国家标准规定的格式绘制标题栏和明细栏，并将零、部件的编号等信息填写到标题栏和明细栏中。

6.3.2　爆炸图

考虑到非专业人员的使用需求，在产品使用说明书或产品维修手册中的插图通常不是装配图，而是爆炸图，即装配示意图。爆炸图是具有较强立体感的立体装配拆分图，直观形象地说明各个零部件的装配关系，如图6-25所示。

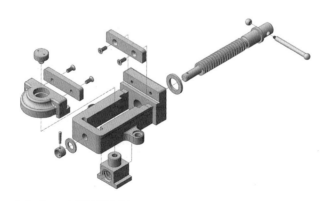

图6-25　虎钳的爆炸图

第 7 章

诗意地栖居

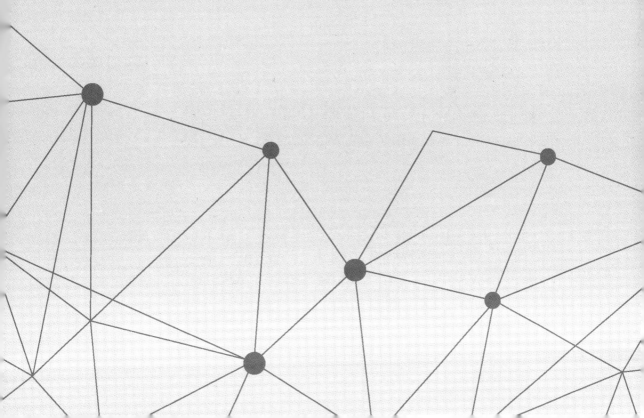

"诗意地栖居"出自德国诗人荷尔德林之手，经哲学家海德格尔的阐述而广为人知。在荷尔德林和海德格尔生活的年代，大多数人因劳作而疲乏不堪，为食宿所困扰，诗意地栖居只不过是梦想。今天，科技创新和设计创意正在将梦想变为现实。

7.1　智者的箴言

古圣先贤的箴言是人类智慧的结晶，是创新的启示录。

7.1.1　设计表达——万物皆数

据中国古代数学著作《周髀算经》记载，公元前11世纪的商高曾跟周公说："故折矩，勾广三，股修四，经隅五。"后人将它概括为"勾三股四弦五"。这是中国古籍中最早记载勾股定理的一段文字。因出自商高之口，所以勾股定理又称为商高定理。

公元前6世纪，古希腊哲学家毕达哥拉斯（约公元前580-前500）证明了勾股定理，所以西方称勾股定理为毕达哥拉斯定理。勾三股四弦五，是勾股定理的特例，其一般形式为：

$$a^2+b^2=c^2$$

勾股定理是历史上第一个把形与数联系起来的定理，也就是用代数的方法来描述和解决几何问题。毕达哥拉斯还发现琴弦长度之比为整数时能发出谐音，物体的局部与整体之比为0.618时最具美感。诸如此类的现象启发了毕达哥拉斯和他的弟子，于是以他的名字命名的学派——毕达哥拉斯学派提出了"万物皆数"的观点。他们认为数是宇宙万物的本原，企图用数来解释万事万物。欧几里得（Euclid，约公元前330-前275）的《几何原本》出版后的一千多年里，西方数学研究的重点是几何学。到了15世纪，法国哲学家笛卡尔（1596-1650）创建了解析几何，将数形结合的研究方法系统化。

　　毕达哥拉斯的勾股定理只是用代数的方法来解决几何问题的个例，而解析几何具有一般意义，从而完全地将形与数联系了起来。

　　相比于图形，代数方程更加抽象，也更加灵活。以图形的方式呈现出来的圆必定有明确的大小和位置，而代数方程则可以实例化，也可以参数化。在图7-1中，左图表示实例化的方程，右图为参数化的方程。

　　参数化方程中的a、b和r在计算机程序设计中就是形式参数，给它们赋予不同的数值，就可以得到不同的实例。

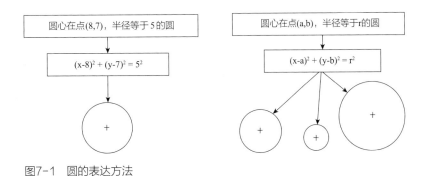

图7-1　圆的表达方法

　　数的抽象程度高于图，因而具有更加广泛的适用性。但毕达哥拉斯将数神秘化，说数是众神之母，显然有悖科学精神。然而在计算机的世界里，"万物皆数"却是实至名归。计算机中所有的信息，包括图形、图像和文字，都是用"0"和"1"来表示，将一切有形和无形的东西都映射为"0"和"1"两个数。

　　文学家梭罗说："有关真理最明晰、最美丽的陈述，最终必以数学形式展现。"[37]。伴随着计算机辅助设计（CAD）技术的发展，设计进入数字化的时代，设计的手段、方法和过程都发生了彻底的改变，提高了效率，降低了成本。以家具设计为例，通常是以图纸形式表达设计的创意和理念，包括草图、三视图和效果图等，然后制作小模型和实物模型，最后投入生产。现在的草图、三视图和效果图都可以在计算机中创建，小模型和实物模型也可以用计算机虚拟实体模型取代，其流程如图7-2所示。

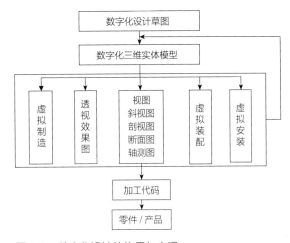

图7-2　数字化设计的构思与实现

7.1.2 设计与制造——中庸之道

科学技术的进步促进了设计和制造的发展，设计和制造发展过程中又会产生一系列新问题。面对这些新问题，传统的中庸之道提供了企业级层面的解决思路和方法。孔子说："中庸之为德也，其至矣乎。"（《论语·雍也》）庸，不是平庸，而是平常。中庸之道是中正和谐可常行之道。选择可常行之道才可持续发展。设计和制造的中庸之道是合理运用科学技术手段，综合考虑功能、材料、造型和经济诸要素，平衡用户需求、企业目标和生态环境保护，创造最佳的综合效益。

1. 金山银山与绿水青山

工业化之初，多一座冒黑烟的工厂，就多一份进步。如果当时就有严格的环保法规，大家又都守法的话，那现在仍处于农业时代。随着工厂越来越多，资源的消耗和环境的污染也随之增大。为了保护环境而回归尧舜时代茅茨土阶的生活，只可能是个别隐士的选择。面对发展经济提高生活质量与环境保护之间的矛盾，设计师的应对策略是生态设计。20世纪六七十年代，雷切尔·卡森等人开始改变设计理念，从对美与形式及优越文化的极端追求，转向对自然以及其他文化中关于人与自然关系问题的关注，生态设计应运而生。

生态设计的关键正是可持续性发展和自然资源保护。设计中运用新技术，合理地利用自然的光、风、水等，循环利用废弃的土地和再生材料，包括植被、土壤、砖石等使之再生，或改作他用，尽可能减少能源、土地、水、生物资源的使用，提高使用效率。

2. 形式与功能的统一

现代设计主张"形式追随功能"。这种观点一泛滥，就产生了大量千篇一律的产品。最终，人也会变为机器，疏离大自然，与传统文化脱节。后现代主义忽视产品功能，蓄意使用材料和色彩，虽然丰富了设计语汇，却使产品成了摆设。

借鉴后现代设计风格的手法和语汇，注意对传统文化艺术精华的吸收和借鉴，设计出形式与功能完美统一的产品。新的问题是这种"完美"的产品如何控制成本，让普通消费者能够接受。

3. 个性化与成本的平衡

工业革命之后，产品的造型、材料和生产方式不断改变，主要是为了适用工业化大规模生产。其结果是降低了生产成本，使大量过去只有权贵们能够享用的各种生活用品进入了寻常百姓家。随之而来的是产品如出一辙，城市变成了水泥森林。

随着科技的发展，许多矛盾迎刃而解。采用大数据处理和柔性制造系统，个性化设计的定制产品也可以实现严格的成本控制。与成品生产模式和手工订制生产模式相比，大规模定制生产模式能够兼顾客户的个性化需求和企业的经济效益。

4. 技术以适用为宜

管理学家彼得·德鲁克说：创新无需高科技[38]。

这句话是针对企业家说的，同样也适合设计师。高新技术的发明本身就是创新，但那是科学家的工作，真正的高新技术通常还在实验室。拒绝采用科技手段提升设计、制造和服务水平，企业无法做大做强，设计师也会捉襟见肘，但也无需过分追求高科技，把成熟的技术用好是最佳选择。

中庸之道重在艺术、经济和科技三者之间的平衡。新技术的合理运用和创意设计应妥善处理好传统、文化、个性化需求、规模化、市场营销、产品成本、柔性制造、生产工艺、信息处理等复杂的关系。

7.2　大道至简与顺天应人

"大道至简"即大道理极其简单，用简单的方法来表达思想、解决问题。"顺天应人"意为尊重自然规律，爱护大自然，顺应人民群众对美好生活的向往。好的企业、好的设计、好的产品都基于这两点而诞生和成长。

7.2.1　定制家具设计服务框架构建

定制家居企业和成品家居企业两者的区别：一个是卖服务的，一个是卖产品的。定制家居是通过上门量尺、免费的设计服务，让顾客看到效果以后才定购满意的产品和服务。而成品家居则是纯粹卖产品，与顾客之间仅仅是简单的供需选择关系。

定制家具最重要的是设计师。尚品宅配在全国有20000多名设计师，这些设计师根据不同用户的需求和户型等要素，利用大数据云计算系统，帮助客户实现个性化定制需求。服务的要旨是人文关怀、人性的温暖、个性化、同理心，其流程如图7-3所示。

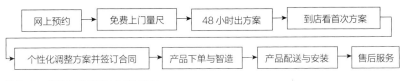

图7-3　定制家具设计服务流程

信息化是向客户提供优质服务的技术保障。为此，尚品宅配集团创建了定制家具设计服务平台。图7-4是设计服务平台的框架图。

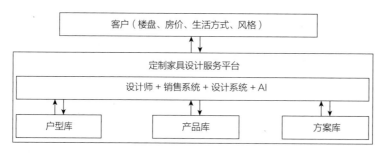

图7-4　定制家具设计服务平台框架

通过互联网注册的客户（或潜在客户），可以通过网上的设计系统，输入或选择户型进行虚拟设计，生成设计效果图。这些操作也可以由设计师或人工智能（AI）系统来完成。客户可以通过互联网在销售和设计系统上输入自己的户型信息和需求，系统根据用户的消费习惯和喜好，通过户型匹配，人工智能（AI）可以快速筛选出个性化的空间解决方案。而设计师可以进一步提供更加贴心的个性化服务，完善设计方案。过去属于专业设计师的工作，正在向更广泛的用户参与演变。用户参与、以用户为中心成为设计的关键词，并将成为未来设计发展的主流。

房型库、产品库和方案库是支撑设计服务平台运行的基础，需要不断筛选、录入户型数据，不断设计、创建新产品和新方案，并对中心数据库进行同步更新，对系统进行升级。

1. 基础数据采集

主要针对客群和房屋两个方面进行家庭样本调查，通过人工和网络的方式采集海量的数据。信息的分类如表7-1所示。

调查信息分类　　　　　　　　　　　表7-1

信息类别					
客群	主人年龄	工作阶段	生活习惯	小孩年龄	小孩生活	娱乐乐趣
房屋	房屋面积	房屋单价	装修风格	装修进度	所在城市	所在楼盘

根据中国家庭全生命周期，进一步分析、统计家庭成员的年龄和人口等与生活方式的关系及占比。得出的调查数据统计结果及针对性的家具系列如表7-2所示。

调查统计结果　　　　　　　　　　表7-2

家庭状态	主人年龄	子女状况	家具系列	占比
青年两口或单身	20~30岁	未婚或初婚未育	二人世界	23%
新婚家庭	30~40岁	家中有婴幼儿	伴你童行	27%
成长家庭	40~50岁	小孩正在读书	学业有成	19%
成熟家庭	50岁以上	小孩独立，外出读书或工作	家成业就	12%

例如，伴你童行系列强调陪伴、关爱和安全，设计了亲子空间、储物盒等（图7-5）。

图7-5　伴你童行系列家具设计理念

2. 户型库

自尚品宅配成立时起就收集全国各地的楼盘户型信息，并将户型信息数字化，转换成矢量图录入户型库。

根据楼盘定位、客户特征和生活需求驱动家具设计和方案设计。在精确分析各类城市和楼盘的户型特点和目标客户群消费特点的基础上，开发特色产品。比如针对寸土寸金

图7-6　充分利用户内空间的家具设计

房价高企的一线城市小户型，设计了各种充分利用户内空间的家具，如飘窗收纳柜和小书桌、墙面折叠柜、小空间抽屉床和紧凑型衣柜书桌组合等，如图7-6所示。

3. 产品库

尚品宅配集团的产品库由企业专业的产品研发团队建设、完善和更新。研发人员按人因工程学原理，构思产品的整体外型和各种细节特征，选择绿色环保的材料，设计出高品位、具有文化底蕴和高科技含量的产品。产品库中的所有产品都是全系列数字化参数设计实体模型，图7-7为产品库中部分产品的模型图。

图7-7　产品库图例

书桌、柜体等家具单元由板件构成，由家具单元可以进行各种组合，形成完整的解决方案。在销售终端，设计师或客户只需要将参数化家具模型实例化。例如，在产品库中挑选了一款书桌，输入书桌的尺寸，通过双向数据关联，系统自动生成构成这个书桌的所有板件的形状和尺寸，同时生成制造和装配所需的"材料表"，包括所需的各种五金配件等。

研发团队通过跨部门共享的产品信息反馈系统，收集企业运作流程中各个环节反馈的信息，包括市场需求、产品研发、定制销售、生产制造、配送安装、售后服务等环节中客户、设计师、研发人员、销售人员、采购人员、管理人员、操作人员，配送人员、安装人员等对产品质量、功能、造型色彩、安装、使用情况的意见和建议，以设计出更具有生命力的产品。

4. 方案库

尚品宅配的研发团队根据户型库的户型和数据库的客户需求分析，用新产品系列设计出若干款经典的家居解决方案作为种子。现场销售设计师可以在此基础上根据客户的具体需求进行个性化的设计。经筛选，优秀的设计方案将进入方案库，作为种子方案供所有的设计师和客户共享。图7-8为互联网定制家具设计服务平台展示的方案图例。

图7-8　定制家具设计方案图例

互联网思维模式下，设计师的头脑风暴已然成为一种常态。据统计，方案库每日有10%的更新。因此，方案库中的绝大多数方案都是真实方案，极具实用性和参考价值。新手或客户借助AI系统也可以做出相当理想的效果图。目前，AI设计师与大学相关专业毕业具有两年设计经验的设计师水平相当。站在巨人的肩膀做设计，新手也可以做出资深设计师的效果图。

从建库伊始至2019年，方案库已经积累了23万套精美的种子，经521万次使用，有247万个空间采用，使用率达90.8%。2019年新推出的种子方案包括：三大空间：客餐厅、卧房、儿童房；五大风格：北欧风格、现代风格、美式风格、欧式风格、中式风格。客餐厅的家具有：定制电视柜、餐边柜和鞋柜。卧房的家具有：定制衣柜、床、梳妆柜。儿童房的家具有：定制衣柜、床、成长书桌、嵌入式书桌、飘窗书桌、转角书桌。

7.2.2　两化融合流程剖析

业界公认：有没有规模化的按时交货能力，是横亘在大部分定制家具企业面前的门槛[39]。只有信息化和工业化深度融合的企业才能越过这道门槛。

尚品宅配运用互联网技术和内部开发的软件系统构建了产品研发、销售设计、原材料及配件采购、生产加工、仓储、物流和安装等环节全流程信息链。采用自主研发的软件将先进的数控生产设备、工业机器人和智能立体仓库，整合成全流程的柔性生产线。运用"数字标签"对每一件板件，从选材、生产、仓储、配送和安装，进行全程可精确定位管理。凭借两化融合的智能制造基地每天生产数十万件规格尺寸完全不同的零部件，将大规模的个性化生产变为现实。

1. 订单汇总

遍布全国的订单通过网络实时传输到公司的数据仓库，总部订单管理中心可实时查询及汇总全部订单。

录入订单时，销售设计师上传设计方案、量尺照片及客户信息。因为所有产品都是采用参数化设计，设计方案中的书桌、柜体等家具全部是实例化的参数模型。系统根据模型中预设的公式自动生成订单所需板件的形状、尺寸和数量，同时生成配件清单和销售发货清单。

2. 虚拟制造和装配

投产前，技术人员通过交互式图形用户界面完成订单中所有产品的虚拟制造和虚拟装配。图7-9是产品的三维模型虚拟装配图。

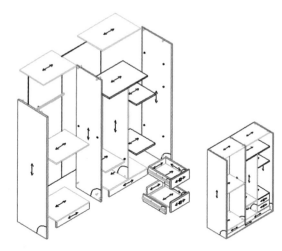

在虚拟装配过程中，验证所有板件和五金配件的配合尺寸，并进行运动、碰撞干涉和间隙检测。发现任何问题，可虚拟纠错。

图7-9　三维模型虚拟装配

3. 拆单混排

为了提高生产效率和板材利用率，将订单拆分后按批次混合排产。

如图7-10所示，张先生、李先生、王女士等人的订单被拆分后，排样系统将按各订单中板件的形状和尺寸进行组合。在同一张板料上可能有不同订单中的产品板件。通过设置适当的搭边值，优选排样布局，提高材料利用率，降低生产成本，保证产品质量和设备使用寿命。经过不断优化升级智能排样系统，板料利用率从70%提高到93%。

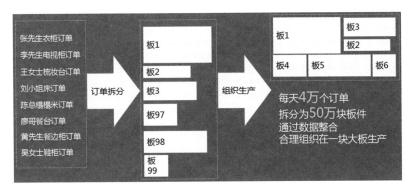

图7-10　订单拆分混排示意图

4. 优化排产

经过拆单混合排产后，同一个订单中的板件可能分在不同的批次加工。不同批次加工的周期可能不同，有的需要一天，有的需要两天。为了减少板件在库时间，提高仓储效能，系统自动进行优化排产，使同一个订单中的所有板件同期完工，如图7-11所示。

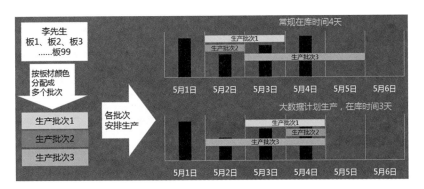

图7-11　优化排产示意图

5. 作业指令

经过优化排产后，系统自动生成本批次的生产作业指令。作业指令中包含了每块板件的加工信息和二维码。

（1）加工信息

根据板件的实体模型，计算机辅助制造系统自动生成数控机床加工代码。加工代码中包含工具类型的选择，以及系统规划的加工过程和加工路径。

（2）二维码

客户和销售设计师在门店确认订单时，设计方案中的家具就变成了一系列数据。

其中非常重要的一个数据就是二维码。订单中所有家具的每一块板件都匹配了一个二维码。这个二维码相当于"身份证"，贯穿了订单生成、生产、运输及安装的整个流程。因此，不论订单怎样拆分，不论板件被安排在哪个批次生产，每一块板件都是全生命周期可跟踪。

当板件还没"降生"时，通过二维码可查询到这块板件是处于虚拟装配阶段、拆单混排阶段，还是处于优化排产阶段。

作业指令生成后，便可以知道这块板将在哪条生产线的电子开料机上"降生"。作业指令下达后，负责"接生"的员工打印一张"准生证"，如图7-12所示。

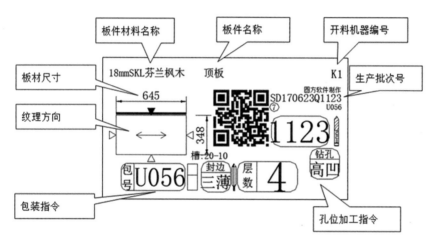

图7-12　板件电子标签及相关说明

加工代码控制开料机开料，开料一完成，这张"准生证"（电子标签）就被贴在该板件上，并且相伴一生。

6. 生产加工

按生产指令贴着电子标签的板件毛坯从一个工位通过传送带传送到下一个工位进行加工。在全自动生产线中，机械手准确地识别、抓取传送带上的板材，并精准地放到加工位置。操控机械手和加工设备的不是人，而是数据——生产指令。有人形容这种加工方式是零件指挥机器把自己加工出来，如图7-13所示。

在尚品宅配集团的生产车间，每天有50万个完全不同的板件在生产线上顺畅的流转。每道工序都有高清摄像头快速识别和录入二维码，信息

图7-13　全自动生产线现场实景

化管理中心动态实时监控各车间的生产状态，用数据调度控制生产。信息化的柔性生产系统成为新工匠的利器，使得生产能力大幅度提高，并大幅度降低出错率。

7. 智能仓储

企业级信息化管理中心集成了销售、采购（供应）、生产、仓储和物流管理，定期根据销售汇总数据统计所需的原材料及配件。

根据生产指令，采购的原材料和零配件被送往指定的车间。板材开料后，涅槃重生，转化为各种板件。每一个板件都有一个电子标签，扫描标签上的"二维码"，机器便可以自动读取"加工指令"进行相应的操作，钻孔、封边、包装等。包装是车间生产的最后一道工序，包装号相同的板件被装入同一个包装箱。包装完成后被传送带送入立体式智能仓库，入库时高清摄像头扫描包装箱上的二维码，可以判断包装箱里的板件是否有错漏。

当一个订单中的所有产品全部入库，且到了订单预定的发货日期，系统会提示出库信息。控制系统下达发货指令后，仓库中的升降机结合高速穿梭车快速访问库存，将订单中的包装箱输送至装运区域。发货员用手持终端扫描包装箱的二维码后，将包装箱装上物流公司的运输车辆。

8. 配送安装

到达客户指定的安装现场后，卸货。安装工用手机扫描包装箱上的二维码，确认货品齐全。拆包后，扫描板件上的二维码，手机屏幕上将显示产品模型，该块板件用红色显示，以提示安装的位置和方法，如图7-14所示。

通过无线互联网，信息化管理中心可实时定位配送过程运输车辆的地理位置，可以第一时间确定货品是否及时送达客户指定的收货地址，以及是否完成安装。

大规模定制家具企业的两化融合主要体现在两个方面：一是运用信息技术整合企业营运的各个环节，对市场分析、产品设计、采购供应、加工制造、仓储管理、配送安装和售后服务等进行信息化管理。二是用信息化手段升级改造生产线，使之具备大规模的柔性制造加工能力。

企业运作全流程信息化管理的关键是将客户的需求进行数字化处理转变成计算机数据，由数据驱动采购、出入库、加工、配送、安装，最终在客户指定的现场物化为美观适用的家居产品。

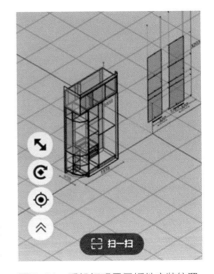

图7-14 手机扫码显示板件安装位置

7.3 衍化至繁

"万物之始,大道至简,衍化至繁"出自老子的《道德经》。如果只说"大道至简",不说"衍化至繁"那就是以偏概全。

7.3.1 衍化与进化

对于一个有生命力的企业,衍化是朝两个方向进化,一是深度,二是广度。目标是"满足大量消费者未被满足的需要"。定制家具企业的出现就是传统家具企业进化的结果,它既是深度方向的延伸,又是广度方向的拓展。定制家具企业也在优胜劣汰,有活力的企业持续提升信息化和自动化水平,这是深度;广度方面则是整合上下游业务。

尚品宅配凭借成熟而强大的软件开发能力,从定制衣柜起步,实现了全屋家具定制,进而发展到整体家装定制。可以让客户不涉足建材市场一步,不吸进一粒装修扬起的粉尘,就可以把一套毛坯房变成舒适的家。图7-15是整装销售设计流程。

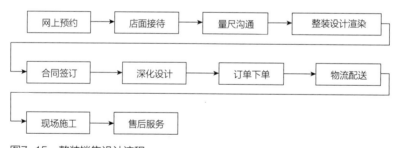

图7-15 整装销售设计流程

根据客户的户型和现场测量的尺寸,使用整装设计系统进行方案设计。在体验场景上,尚品宅配在渲染技术上取得突破。实现了全屋互动设计、智能云渲染技术(AI云渲染)。设计师变身为设计服务人员,更多是收集消费者需求信息,沟通、服务消费者,大量的设计交给AI。AI设计在算法驱动下,可以不断学习迭代。

全屋整装定制包括室内水电安装,地面、墙面、顶面装饰,全屋系统设备(包括中央空调,采暖系统、新风系统、净水系统、智能系统等)和全屋家具定制。

因为多数模块的科学原理与前一节所述相同,本节不再重复。深化设计和现场施工是整装销售设计中新增的模块。下面对这两个模块进行简单的介绍:

(1)深化设计模块

本模块的主要功能及目标是铺设瓷砖时进行合理规划,节约瓷砖的用量,美化铺设效果。

（2）现场施工模块

对现场施工进行指导和管理。施工人员在施工现场通过手机上网查看施工指导书。施工指导书包含原始平面图、设计效果图、设计平面图、家具线框图、打拆墙体平面图、新建墙体平面图、新建墙体立面图、插座布置图、全屋放线图、水位图、灯位开关图、地面、主材表等。图7-16是施工指导书手机截屏。

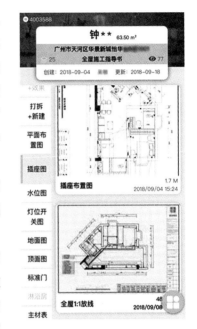

图7-16　移动端施工指导书

在工程管理上，将家装工程模块化、细分化和专业化，提高了装修施工的效率，降低了装修中耗费的物料成本和时间成本。

新生代的工作节奏快，生活丰富多彩，很少有人愿意自己跑建材市场，更愿意拎包入住。为适应和引领消费升级，加快推动制造业从生产型制造向服务型制造转变，尚品宅配正在实施"从产品到服务，从服务到平台，从协同到开放，从产业链到价值链"的重要转型。尚品宅配的战略合作品牌包括建材类、成品家具类、软装家具类、家电类等。实现"家电+家居"融合，让消费者实现拎包即住。

7.3.2　过去与未来

曾几何时，人们在岩石上刻画符号和图形，在羊皮和丝帛上描绘设计方案；中国先人发明的纸张作为人类表达设计思想和创意的载体持续使用了两千多年；今天，人们更多的是使用计算机以数字的形式来进行表达。本章介绍的尚品宅配家居定制销售设计和制造的基本架构和流程，代表了当今家居设计表达方法的最新成就，从中可以看出设计表达方法的发展趋势，即设计的载体数字化，表达的形式参数化，设计的过程与销售和制造融合，设计的主体包括客户、设计师和人工智能，这也意味着为满足社会需求，设计艺术将与科学技术进一步的融合。

附录　空间解析几何与画法几何解题实例对比分析

　　法国数学家蒙日创建画法几何，一是从数学上阐述工程制图的理论体系，二是运用综合法求解军事工程上的几何问题。在蒙日所著的《画法几何学》一书中有一些实例，但要理解这些实例，需要比较多的基础知识。2006年安徽省高考数学（理科）卷中有一道题，该题的求解并不涉及画法几何，但要准确的绘制该题的插图（图1），需要运用空间解析几何的方法求解，或者运用画法几何的方法求解。通过对比分析这两种解题的方法，可以初步了解画法几何图解法的基本方法和技巧，从而加深对画法几何的认识。

　　2006年高考（安徽卷）数学（理科）第16题：多面体上，位于同一条棱两端的顶点称为相邻的。如图1，正方体的一个顶点A在平面a内，其余顶点在a的同侧，正方体上与顶点A相邻的三个顶点到α的距离分别为1、2和4。P是正方体的其余四个顶点中的一个，则P到平面α的距离可能是：①3；②4；③5；④6；⑤7。以上结论正确的为＿＿＿＿＿＿。（写出所有正确结论的编号）

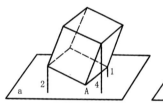
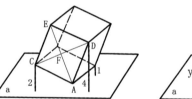

图1　高考试题及试题分析　　　　　　　　图2　建立坐标系

　　如图1所示，顶点C、D到平面α的距离分别为2、4，则顶点C、D的中点F到平面α的距离为3，所以顶点E到平面α的距离为6。以此类推，可得其他三个顶点到平面α的距离分别为3、5、7，所以选①③④⑤。

　　本题目求解中用到正方形对角线相互等分的性质，以及梯形的中位线定理。二者都属于几何学的基础知识，所以本题的难度并不大。

　　如果对图1细加分析就会发现，要准确画出这道题的直观图，首先必须知道这个正方体的边长，而求边长的难度远远大于这道高考题。下面分别利用空间解析几何与画法几何的方法来求解这个问题。

1. 解析法求解

　　解析法是把几何问题变换成一个相应的代数问题，再把代数问题归结为方程式或方程组的求解。

　　以顶点A为坐标原点，建立坐标系；X轴和Y轴在平面a内，X轴通过B点在a面的投影，则顶点B、C、D的坐标分别为（x_1，0，1）、（x_2，y_2，1）、（x_3，y_3，1），如图2。设正方体的边长为L，则B、C、D三点到坐标原点的距离等于L，又因AB、AC、AD三条棱边两两垂直，故有：

$$\begin{cases} x_1^2 + 1^2 = L^2 \\ x_2^2 + y_2^2 + 2^2 = L^2 \\ x_3^2 + y_3^2 + 4^2 = L^2 \\ x_1x_2 + 1\times2 = 0 \\ x_2x_3 + y_2y_3 + 2\times4 = 0 \\ x_3x_1 + 2\times2 = 0 \end{cases}$$

解方程组得：$L = \sqrt{21}$

顶点B、C、D的坐标分别为（保留小数点后2位）：（4.47，0，1）、（-0.45，4.10，2）和（-0.89，-2.05，4）。

根据正方体的边长和各顶点的坐标可以准确的作出其直观图。图3为不同轴测坐标系的斜二轴测图。

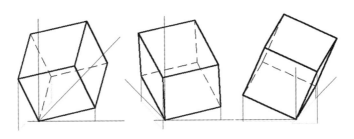

图3 斜二轴测图

2. 综合法求解

运用画法几何中的换面法，求立方体的两面投影，然后根据两面投影求作直观图。

（1）换面法的基本原理如图4所示：

作一个辅助投影面V_1与一般位置直线AB平行，且与水平投影面H垂直，则直线AB在V_1上的投影$a_1'b_1'$与AB平行，且等长。

空间线段端点A在V_1面的投影a_1'到O_1X_1轴的距离为$a_1'ax_1$

A点在V面的投影a'到OX轴距离为$a'ax$

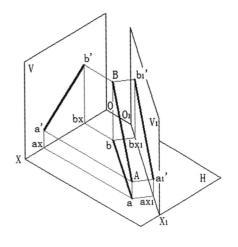

图4 换面法的示意图

则$a_1' ax_1 = a' ax$

同理，$b_1' bx_1 = b' bx$

（2）换面法求线段实长的作图过程如图5所示：

作新投影轴O_1X_1平行于ab；

作投影连线aa_1'垂直新投影轴O_1X_1，且使$a_1' ax_1 = a' ax$；

作投影连线bb_1'垂直新投影轴O_1X_1，且使$b_1' bx_1 = b' bx$；

线段$a_1' b_1'$的长度即为空间直线AB的实长。

（3）用换面法求作正方体直观图的思路和作图步骤。

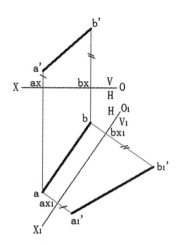

图5　换面法求直线的实长

已知正方体上与顶点A相邻的三个顶点B、C、D到平面α的距离分别为1、2和4，用画法几何的语言来表述即三个顶点到投影面的距离分别为1、2和4。因此本题的关键是作一个投影面，使A、B、C、D四点到投影面的距离分别为0、1、2和4或其倍数。

作图步骤1

设正方体的边长等于L，以L为半径画圆，如图6所示。

设边AD为正垂线，圆心为AD的正面投影a'（d'），因为正方体上与顶点A相邻的三条边相互垂直，则边AB、AC为正平线，AB、AC的正投影反映实形，所以b'和c'在圆周上，且$a' b' \perp a' c'$。

作图步骤2

如图7所示，连接点b'与线段a'c'的中点e'，作e'b'的垂线OX。OX即投影

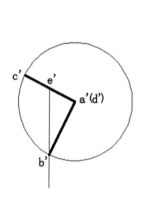

图6　步骤1

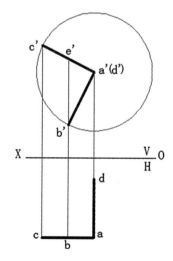

图7　步骤2

轴。因为AD是正垂线，故其水平投影ad＝L。因为AB、AC为正平线，故其水平投影
与OX平行。

作图步骤3

如图8所示，连接c点与线段ad的中点f，过a点作fc平行线O_1X_1。O_1X_1即新投影
轴。A、B、C、D四点到投影面V_1的距离分别为0、1、2和4或其倍数。

作图步骤4

如图9所示，过各点的水平投影作O_1X_1的垂线（即投影连线），并根据其正面投影
确定这些点在新投影面V_1上的投影。

设b点到新投影轴O_1X_1的距离为M，则L/M即为所求立方体的边长。

作图步骤5

将图9中的H面作为正投影面，V_1面作为水平投影面，并建立如图10（a）所示的
坐标系。根据三条棱边的两面投影作直观图（斜二轴测图），如图10（b）。

通过坐标变换，改变整体比例，也可以作出图10（c）所示的直观图（正等轴
测图）。

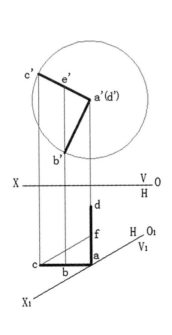

图8　步骤3

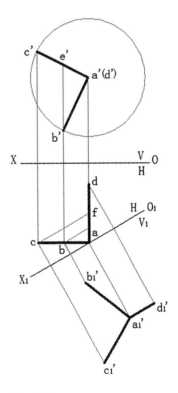

图9　步骤4

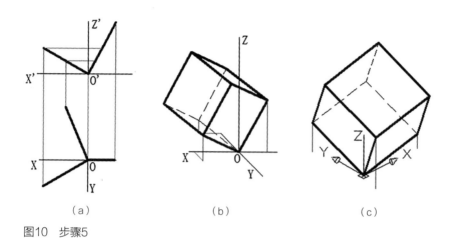

（a）　　　　　　（b）　　　　　　（c）

图10　步骤5

3. 解析法与综合法对比分析

　　数学家高斯读了《画法几何学》一书后，认为该书的内容体现了"真正的几何精神，是智慧的滋补品"，所以建议德国人学习画法几何，"以弥补解析法的欠缺，因为过多借助于解析法会丧失基于直觉的想象力的几何思考机会"。针对本题而言，解析几何的方法把几何和代数有机地结合起来，能够求得精确的数据，但解题比较烦琐。画法几何的方法简便、直观，但需要掌握一定的技巧，这些技巧是基于直觉的想象力。

参考文献

[1] 张朋川. 中国彩陶图谱[M]. 北京：文物出版社，1990.

[2] （美）卡罗尔·斯特里克兰. 西方建筑简史：拱的艺术[M]. 王毅，译. 上海：上海人民美术出版社，2005.

[3] 同上.

[4] （美）M.克莱因. 西方文化中的数学[M]. 张祖贵，译. 上海：复旦大学出版社，2004.

[5] 贺继钢. 往往醉后：绘画艺术的科学解读[M]. 广州：广州出版社，2008.

[6] 徐习文. 宋代叙事画研究[M]. 南京：东南大学出版社，2014.

[7] 马克思，恩格斯. 马克思恩格斯全集[M]. 中共中央马克思恩格斯列宁斯大林著作编译局，译. 北京：人民出版社，1972.

[8] （法）蒙日（G.Monge）. 蒙日画法几何学[M]. 廖先庚，译. 长沙：湖南科学技术出版社，1984.

[9] 刘克明. 从《器象显真》看西方工程图学的引进[J]. 工程图学学报，2004，1：98-103.

[10] 何永胜，刘超. 艺术设计概论[M]. 长沙：湖南人民出版社，2007.

[11] 尹定邦. 设计学概论[M]. 长沙：湖南科学技术出版社，2005.

[12] 同上.

[13] 中国社会科学院语言研究所词典编辑室. 现代汉语词典[M]. 北京：商务印书馆，1996.

[14] 钱学森. 关于思维科学[M]. 上海：上海人民出版社，1986.

[15] 林洪桐. 表演创作手册：苹果应该这么吃下[M]. 北京：中国电影出版社，2010.

[16] 钱学森. 关于思维科学[M]. 上海：上海人民出版社，1986.

[17] 同上.

[18] 林怀秋，高桥浩. 创造性思维方法101[M]. 福州：福建科学技术出版社，1986.

[19] （德）弗里德里希·尼采. 尼采全集（第2卷）：人性的，太人性的[M]. 北京：中国人民大学出版社，2011.

[20] https://baike.baidu.com/item/综合几何学/142362.

[21] 尹定邦. 设计学概论[M]. 长沙：湖南科学技术出版社，2005.

[22] 钟家珍. 设计图学[M]. 长沙：湖南大学出版社，2004.

[23] 同上.

[24] 冯开平，莫春柳. 工程制图[M]. 北京：高等教育出版社，2013.

[25] 莫春柳，冯开平，唐西隆. 工程制图习题集[M]. 北京：高等教育出版社，2013.

[26] 贺继钢，曾孜. 计算机绘图：AutoCAD 2005-2007中文版[M]. 广州：华南理工大学出版社，2008.

[27] https://baike.baidu.com/item/中国银行/245376?fr=aladdin.

[28] https：//baike.baidu.com/item/大众汽车#2_1.

[29] 同[5].

[30] 张曦煌，杜俊俐. 计算机图形学[M]. 北京：北京邮电大学出版社，2006.

[31] 张义宽. 计算机图形学[M]. 西安：西安电子科技大学出版社，2004.

[32] 同[4].

[33] 郑贞平，胡俊平. Solid Works 2012基础与实例教材[M]. 北京：机械工业出版社，2017.

[34] 常万顺，李继高. 金属工艺学[M]. 北京：清华大学出版社，2015.

[35] 周玉兰，应华，臧艳红. CAD软件实用教程 AutoCAD、SolidWorks第2版[M]. 北京：北京邮电大学出版社，2019.

[36] 彭华明. SolidWorks 2000高级应用教程[M]. 北京：冶金工业出版社，2001.

[37] 李政道，杨振宁等. 科学之美[M]. 北京：中国青年出版社，2002.

[38] 彼得·德鲁克（Drucker, P.F.）. 创新与企业家精神[M]. 蔡文燕，译. 北京：机械工业出版社，2007.

[39] https://news.chinabm.cn/2016/1018293884.shtml中华建材网>衣柜>衣柜招商加盟>衣柜企业动态>10月15日跟随尚品宅配财富之旅 探秘世界级智造基地.